Sanmya Feitosa Tajra

Desenvolvimento de Projetos Educacionais
Mídias e Tecnologias

1ª Edição

◉érica | **Saraiva**

Dados Internacionais de Catalogação na Publicação (CIP)
(Câmara Brasileira do Livro, SP, Brasil)

Tajra, Sanmya
　　Desenvolvimento de projetos educacionais : mídias e tecnologias / Sanmya Tajra. – 1. ed. –
São Paulo : Érica, 2014.

　　Bibliografia
　　ISBN 978-85-365-0840-5

　　1. Informática 2. Professores e estudantes 3. Tecnologia educacional I. Título.

14-06506　　　　　　　　　　　　　　　　　　　　　　　　　　　　　　　　　　　　　　CDD-370.285

Índices para catálogo sistemático:
1. Educação e informática　　370.285
2. Informática e educação　　370.285
3. Informática educativa　　　370.285

Copyright © 2014 da Editora Érica Ltda.
Todos os direitos reservados. Nenhuma parte desta publicação poderá ser reproduzida por qualquer meio ou forma sem prévia autorização da Editora Érica. A violação dos direitos autorais é crime estabelecido na Lei nº 9.610/98 e punido pelo Artigo 184 do Código Penal.

Coordenação Editorial:	Rosana Arruda da Silva
Capa:	Maurício S. de França
Edição de Texto:	Beatriz M. Carneiro, Silvia Campos
Revisão de Texto:	Edmilson Carneiro
Produção Editorial:	Adriana Aguiar Santoro, Dalete Oliveira, Graziele Liborni, Laudemir Marinho dos Santos, Rosana Aparecida Alves dos Santos, Rosemeire Cavalheiro
Editoração:	Join Bureau
Produção Digital:	Alline Bullara

A Autora e a Editora acreditam que todas às informações aqui apresentadas estão corretas e podem ser utilizadas para qualquer fim legal. Entretanto, não existe qualquer garantia, explícita ou implícita, de que o uso de tais informações conduzirá sempre ao resultado desejado. Os nomes de sites e empresas, porventura mencionados, foram utilizados apenas para ilustrar os exemplos, não tendo vínculo nenhum com o livro, não garantindo a sua existência nem divulgação. Eventuais erratas estarão disponíveis para download no site da Editora Érica.

Conteúdo adaptado ao Novo Acordo Ortográfico da Língua Portuguesa, em execução desde 1º de janeiro de 2009.

A ilustração de capa e algumas imagens de miolo foram retiradas de <www.shutterstock.com>, empresa com a qual se mantém contrato ativo na data de publicação do livro. Outras foram obtidas da Coleção MasterClips/MasterPhotos© da IMSI, 100 Rowland Way, 3rd floor Novato, CA 94945, USA, e do CorelDRAW X5 e X6, Corel Gallery e Corel Corporation Samples. Copyright© 2013 Editora Érica, Corel Corporation e seus licenciadores. Todos os direitos reservados.

Todos os esforços foram feitos para creditar devidamente os detentores dos direitos das imagens utilizadas neste livro. Eventuais omissões de crédito e copyright não são intencionais e serão devidamente solucionadas nas próximas edições, bastando que seus proprietários contatem os editores.

Seu cadastro é muito importante para nós
Ao preencher e remeter a ficha de cadastro constante no site da Editora Érica, você passará a receber informações sobre nossos lançamentos em sua área de preferência.
Conhecendo melhor os leitores e suas preferências, vamos produzir títulos que atendam a suas necessidades.

Contato com o editorial: editorial@editoraerica.com.br

Editora Érica Ltda. | Uma Empresa do Grupo Saraiva
Rua São Gil, 159 – Tatuapé
CEP: 03401-030 – São Paulo – SP
Fone: (11) 2295-3066 – Fax: (11) 2097-4060
www.editoraerica.com.br

Agradecimentos

Quero registrar meus agradecimentos à Rosana Arruda, por ter sido uma grande parceira nas publicações ao longo de toda minha vida, e a toda a equipe da Editora Érica por esta jornada que sempre deu certo. Sendo assim, não posso deixar de citar Rosana Aparecida, Maurício, Marcelo, Edson, Ariovaldo, Simônica, Rita. Cada um de vocês possui uma grande importância nesta e em todas as outras publicações que já fiz. Nesta, em especial, agradeço por todo o processo de transição pelo qual estamos passando.

Agradeço aos meus filhos, Marcel e Felipe, por serem meus maiores motivadores e inspiradores. Sou grata aos filhos que tenho.

Por fim, quero agradecer ao meu eterno companheiro, Adilson Ferreira, por estar sempre ao meu lado trazendo alegria a todos os momentos que compartilhamos. Você me faz muito feliz!

Sanmya Feitosa Tajra

Sobre a autora

Sanmya Feitosa Tajra

Bacharel em Administração, mestre em Educação pela PUC/SP, especialista em Planejamento Estratégico e Sistemas de Informação pela PUC/MG. Possui MBA em Gestão Empresarial pela FGV e é pós-graduada em Gestão de Serviços de Saúde pela Senac/SP. É *personal professional coaching* pela Sociedade Brasileira de Coaching, auditora Líder/BVQI, professora de graduação e pós-graduação das áreas de Empreendedorismo, Planejamento Estratégico, Sistemas de Informação e Organização, Sistemas e Métodos, além de outras disciplinas na área da Administração. Já realizou várias consultorias empresariais nas áreas de Planejamento Estratégico, BSC, ISO 9001:2008, Plano de Negócio, Reestruturação Organizacional em empresas públicas e privadas, inclusive vários estabelecimentos na área da saúde. É autora de várias obras na área de Tecnologia Educacional e de Gestão na Saúde. Atualmente, é sócia-diretora da empresa de consultoria Tajra Tecnologias.

Sumário

Capítulo 1 – Introdução aos Conceitos e Evolução das Técnicas e Tecnologias 11

    1.1 Conceitos sobre técnica e tecnologia 11

    1.2 O imperativo tecnológico 12

    1.3 O que é tecnologia educacional? 13

        1.3.1 Diferentes percepções sobre as tecnologias educacionais 14

    1.4 Alguns efeitos das tecnologias 15

    1.5 Ampliação do conceito de tecnologia 16

    1.6 Tecnologia educacional e o computador: o que ele tem de diferente? 17

    1.7 As eras da humanidade, as tecnologias e a educação 19

    Agora é com você! 22

Capítulo 2 – A Educação e Outros Segmentos na Era Digital 23

    2.1 Uma reflexão introdutória sobre a Era Digital 23

    2.2 A Educação na Era Digital: algumas reflexões e proposições 27

        2.2.1 O papel dos professores 28

        2.2.2 O papel dos administradores escolares 29

        2.2.3 Uma nova visão para o currículo 29

        2.2.4 Novos instrumentos de aprendizagem 30

        2.2.5 Características do novo espaço para o saber: o ciberespaço 30

    2.3 Diferentes negócios na Era Digital: a Economia Digital 31

        2.3.1 Diferenças entre o mundo virtual e o mundo real 34

    Agora é com você! 36

Capítulo 3 – Entendendo a Internet e Seus Recursos para Uso em Projetos Educacionais 37

    3.1 Um breve histórico dos principais momentos da internet 37

    3.2 A rede das redes de computadores: a internet 39

    3.3 Tipos de conexões com a internet 41

3.4 Principais recursos da internet 41

    3.4.1 A WWW: links, hipertexto e hipermídia...42

    3.4.2 FTP: protocolo de transferência de arquivos..46

    3.4.3 Modalidades de comunicação na internet...47

        3.4.3.1 Chat ou bate-papo: uma forma dinâmica de se comunicar......................................48

        3.4.3.2 Correio eletrônico 49

        3.4.3.3 Lista de discussão 52

        3.4.3.4 Fórum...54

    3.4.4 Sistemas virtuais colaborativos e cooperativos 54

        3.4.4.1 Comunidades virtuais..54

        3.4.4.2 Redes sociais, blogs, Twitter, YouTube, Instagram, MySpace 57

    3.4.5 Ambientes virtuais de aprendizagem 59

    3.4.6 Netiquetas: regras de etiquetas para a internet 59

Agora é com você!...62

Capítulo 4 – Uso da Internet em Projetos Educacionais e Sociais 63

4.1 O uso da internet para realização de pesquisas 63

    4.1.1 Como agilizar a pesquisa na internet 65

    4.1.2 Como desenvolver atividades de pesquisas na internet..66

4.2 Sistemas de segurança na internet 67

4.3 Avaliação de sites educacionais ou não..67

4.4 Elaboração de projetos educacionais via recursos de comunicação: e-mail, lista de discussão, fórum e outros...69

    4.4.1 Algumas considerações sobre o uso das ferramentas de comunicações em projetos educacionais..70

    4.4.2 O que prevalece: o conteúdo ou as regras da língua portuguesa? 71

4.5 Desenvolvimento de atividades educacionais diferenciadas com o uso da internet...........................73

    4.5.1 Outros fatores de sucesso para o desenvolvimento de um projeto educacional com o uso da internet..76

    4.5.2 Fases de um projeto educacional com internet...78

4.5.3 Formas de desenvolvimento de projetos na internet 79

    4.5.3.1 Quanto à origem dos projetos...79

    4.5.3.2 Quanto à amplitude das atividades 80

4.6 Criação de escolas on-line 80

    4.6.1 Outras possibilidades para as escolas on-line 81

4.7. Vantagem e obstáculos quanto ao uso da internet na educação..83

Agora é com você!..84

Capítulo 5 – Uso de Softwares como Materiais Didáticos 85

5.1 Software: material didático para uso com computadores..85

5.2 Características dos softwares e suas aplicabilidades..86

5.3 Avaliação de softwares para finalidades educacionais 93

5.4 Desenvolvimento de aulas com diferentes modalidades de softwares.................................95

5.5 Alternativas de softwares para as escolas..97

Agora é com você!..98

Capítulo 6 – Uso de Jornais, Revistas, Blogs e Redes Sociais como Recursos Didáticos 99

6.1 Uma visão crítica quanto à utilização de jornais, revistas, blogs e redes sociais como recursos didáticos...99

6.2 Classificação da utilidade dos jornais, revistas, blogs e redes sociais nas escolas 100

    6.2.1 Quanto à finalidade 100

    6.2.2 Quanto à autonomia dos contéudos...100

6.3 As vantagens do uso das mídias impressas e digitais em ambientes educacionais 101

6.4 Roteiro para elaboração de projetos educacionais em mídias impressas e digitais........102

Agora é com você!..104

Capítulo 7 – Etapas para Implantação de um Projeto de Tecnologia Educacional 105

7.1 Diagnóstico tecnológico: identificando o contexto para o planejamento das ações.......106

    7.1.1 Integração com a proposta pedagógica..106

    7.1.2 Orçamento 106

7.1.3 Estrutura da rede de computadores..106

7.1.4 Espaço físico 107

7.1.5 Alunos beneficiados..107

7.1.6 Metodologias por períodos escolares..107

7.1.7 Equipe de educadores...108

7.1.8 Conhecimento tecnológico...108

7.2 Capacitação dos educadores..112

7.2.1 Apoio do administrador escolar 113

7.2.2 Gerenciamentos dos novos recursos...113

7.3 Definição da linha pedagógica com o uso do computador...115

7.4 Etapas de um projeto de tecnologia educacional..116

7.5 A influência do layout no processo de aprendizagem...118

7.6 Fases evolutivas da aplicação da informática na educação...122

7.6.1 Iniciação/empolgação...123

7.6.2 Adaptação/intermediação..124

7.6.3 Incorporação/absorção 125

Agora é com você!...126

Bibliografia 127

Apresentação

O livro *Desenvolvimento de Projetos Educacionais: Mídias e Tecnologias* visa repassar aos professores e aos educadores em geral, que já atuam ou que irão atuar em ambientes ricos em tecnologias de informação e comunicação, os principais conceitos e mitos que cercam a utilização da informática na área educacional; além de algumas propostas de como usar essas ferramentas em projetos educacionais, seja com a utilização de softwares ou com o uso da internet como recurso didático.

No Capítulo 1, você conhecerá os principais conceitos relacionados a técnica e tecnologia, e saberá como elas constituem o imperativo tecnológico. Também aprenderá o que é tecnologia educacional e quais as principais percepções sobre sua utilização nos ambientes educacionais e fora deles. Verificará que a tecnologia não se refere apenas aos computadores, mas a todas as técnicas e ferramentas utilizadas para o desenvolvimento de nossas atividades. Por fim, verificará a evolução das eras da humanidade sob o olhar da incorporação das tecnologias.

No Capítulo 2, você será levado a fazer uma reflexão sobre a Era Digital, sempre observando seu impacto na educação e fora dos ambientes educacionais. Dentro do ambiente educacional, será verificado o papel dos professores e dos administradores escolares. Você verá também como essa era afeta a constituição de um novo currículo e a introdução de novos instrumentos de aprendizagem, além de descobrir as novas possibilidades proporcionadas pelo ciberespaço.

No Capítulo 3, apresentaremos os principais momentos da história da internet e seus recursos para uso em projetos educacionais, como o chat ou bate-papo, o correio eletrônico (e-mail), a lista de discussão, os fóruns, as comunidades virtuais, as redes sociais, os blogs, o YouTube, o Instagram e o MySpace. Também falaremos sobre os conceitos de links, hipertexto e hipermídia, e as principais *netiquetas*: as regras de etiqueta para a internet.

No Capítulo 4, você verá como usar a internet em projetos educacionais e sociais e para realizar pesquisas, como avaliar sites e como lidar com a questão da escrita na internet. Por fim, promovemos uma reflexão sobre as vantagens e os obstáculos ao uso da internet na educação.

No Capítulo 5, ensinamos o uso de softwares como materiais didáticos, suas características e aplicabilidades, como avaliá-los e apresentamos algumas alternativas de softwares para as escolas.

No Capítulo 6, apresentamos o uso de jornais, revistas, blogs e redes sociais como recursos didáticos, bem como um roteiro para elaboração de projetos educacionais em mídias impressas e digitais. Também abordamos as vantagens do uso das mídias impressas e digitais em ambientes educacionais.

No Capítulo 7, tendo em vista todos os conceitos já apresentados, falaremos da fase efetiva para a implantação de um projeto de tecnologia educacional, seguindo os passos: elaboração de um diagnóstico tecnológico, capacitação dos agentes multiplicadores (educadores), definição da linha pedagógica com o uso do computador, definição do layout do ambiente de informática. Ao final, são apresentadas as fases evolutivas da aplicação da informática na educação como forma de preparar os educadores para o processo que vivenciarão com o uso das tecnologias na escola.

A autora

Introdução aos Conceitos e Evolução das Técnicas e Tecnologias

Para começar

Neste capítulo, você aprenderá os conceitos dos termos "técnica" e "tecnologia educacional"; aprenderá a promover reflexões quanto ao uso da tecnologia na nossa vida e no ambiente educacional, a entender as diferentes visões quanto à utilização de tecnologias na sociedade e a identificar as principais diferenças entre o computador e os diversos recursos tecnológicos existentes.

1.1 Conceitos sobre técnica e tecnologia

Para falarmos sobre tecnologias na educação e em outros segmentos é importante conhecermos inicialmente as diferenças existentes entre as duas palavras-chave: técnica e tecnologia.

Essas palavras estão intimamente interligadas, porém são diferentes. Entender essa diferença é essencial para podermos analisar como cada uma delas contribui em um ambiente educacional ou fora dele. Com esse entendimento, perceberemos que há muito tempo usamos várias técnicas em favor do aprendizado e do sistema produtivo em diversos segmentos.

A palavra técnica é originária do verbo grego *tictein*, que significa "criar, produzir, conceber, dar à luz". Para os gregos, esta palavra tinha um sentido amplo, não se restringindo apenas a equipamentos e instrumentos físicos, mas incluindo toda sua relação com o meio e seus efeitos e não deixando de questionar o "como" e o "porquê". A técnica está relacionada com a mudança na modalidade da produção. O produtor muda a forma de operar, e o resultado dessa mudança afeta a comunidade beneficiada.

A palavra técnica teve seu uso com sentido restritivo a partir da Revolução Industrial, na qual o importante passou a ser o "produto", restringindo, dessa forma, a técnica a meros instrumentos.

O termo "tecnologia" passou a melhor incorporar o sentido amplo do verbo *tictein*, mas ainda sofre os impactos de uma visão com foco apenas instrumental. Vamos entender como a técnica e a tecnologia passaram a incorporar as nossas vidas e como essas duas palavras se inter-relacionam. Fique atento às próximas explicações.

1.2 O imperativo tecnológico

O homem vive o chamado imperativo tecnológico, ou seja, compramos novos lançamentos de produtos tecnológicos sem sequer sabermos utilizá-los, sem questionar a sua real utilidade ou entender dos seus benefícios, somente para justificarmos que não estamos atrasados tecnologicamente, nos submetendo humildemente às novas exigências do mercado.

Quer entender tal situação? Basta perguntar: para que um controle remoto com tantos recursos, se apenas utilizamos os recursos básicos (avançar, retornar, parar)? Muitas vezes, nem sabemos as reais utilidades dos demais recursos. Perceba que fazemos parte de um preconceito e o influenciamos, pois nos comportamos como se sempre devêssemos adotar o que for mais novo e abandonar o mais velho, sem questionar a sua real necessidade.

A escola, assim como outros segmentos, também participa dessas incorporações tecnológicas, mas de uma forma bem mais lenta. Por séculos, o ensino era destinado apenas a minorias privilegiadas. A primeira grande conquista tecnológica foi o livro, que, há anos, vem sendo o carro-chefe tecnológico na educação, e não constatamos que o livro é o resultado de uma técnica. Por quê? Porque já o incorporamos de tal forma que nem percebemos que é um instrumento tecnológico. Segundo Don Tapscott (1997), tecnologia só é tecnologia quando ela nasce depois de nós. O que existia antes de nascermos faz parte de nossa vida de forma tão natural que nem percebemos que é uma "tecnologia".

Na Idade Média, os primeiros livros eram enormes e ficavam presos por correntes; a sua leitura era efetuada em voz alta no átrio, para que a plateia pudesse ter acesso às suas informações. Com o passar do tempo, os livros deixaram de ser elaborados em pergaminho e passaram a ser escritos em papel. Somente com a revolução da impressão é que eles passaram a se tornar "democratizados" por ter seus tamanhos e volumes reduzidos e, portanto, seu preço acessível a todos. Você já imaginou o impacto dessa evolução tecnológica naquela época? Talvez fosse o mesmo que as mudanças na área de telecomunicação ocorridas na atualidade.

Incorporamos os hieróglifos, as palavras escritas, os códigos, os livros, os correios, o telefone, o rádio, a televisão, o fax, o telefone celular, o e-mail e a internet. O que ainda somos capazes de incorporar? Virão mais inovações tecnológicas que alterarão apenas a velocidade de comunicação ou se desenvolverão mais mudanças nas formas de comunicação? É bem provável que sim.

Existe uma percepção de que o primordial para a atualidade é a inovação tecnológica, que tanto fortalece o espírito de modernidade, que serve como justificativa para o desenvolvimento ilimitado. Será que, de fato, mudamos ou apenas trocamos os instrumentos utilizados? Será que incorporamos a crença de que a instrumentalização é determinante do progresso?

A inovação é estimulada pelas empresas de tecnologia de ponta, oriundas de grandes e pequenas empresas. É na inovação que são garantidas a diferenciação e a permanência no mercado dessas empresas como líderes do desenvolvimento tecnológico.

O progresso tecnológico tem continuidade e assim deve ser para a própria melhoria das nossas condições de vida, porém não podemos deixar de ser conscientes quanto aos interesses econômicos envolvidos. Nem por isso devemos desconsiderá-la para sua utilização nos diversos segmentos da sociedade, seja no âmbito profissional, no âmbito da educação, da saúde, dos serviços públicos ou de qualquer outro ramo de atividade.

Veremos nos próximos capítulos que esta percepção será ampliada, seja pela utilização da informática na educação, seja pela incorporação da internet como novo ambiente do saber e desenvolvimento de novos negócios, seja pelo fortalecimento de todos os empreendimentos na era digital.

1.3 O que é tecnologia educacional?

A tecnologia educacional pressupõe uma sistematização do processo de aprendizagem que utiliza os recursos humanos e diferentes materiais para atingir seus objetivos de uma forma mais efetiva. Podemos dizer que "tecnologia educacional" se refere à utilização de diferentes tipos de recursos técnicos para promover o processo de ensino e aprendizagem.

A Tecnologia Educacional não é uma ciência, é uma disciplina orientada para a prática controlável e pelo método científico, que recebe contribuições das teorias da psicologia da aprendizagem, das teorias da comunicação e da teoria de sistemas. A utilização desses recursos baseia-se nas formas de aprendizagens, nas fases do desenvolvimento humano, nos diversos tipos de meios de comunicação e na integração de todos esses componentes de forma conjunta e interdependente por meio de atividades educacionais e sociais.

Amplie seus conhecimentos

Piaget foi um psicólogo e um dos educadores mais influentes da segunda metade do século XX. Contribuiu com seus estudos para a identificação das fases de desenvolvimento humano a partir da percepção do que os indivíduos conseguem fazer de melhor durante a infância e após seus 12 anos em diante. Essas fases são: período sensório-motor (0 a 2 anos), período pré-operatório (2 a 7 anos), período das operações concretas (7 a 11 ou 12 anos) e período das operações formais (11 ou 12 anos em diante). Para saber mais, pesquise em: <http://www.unicamp.br/iel/site/alunos/publicacoes/textos/d00005.htm>.

A tecnologia educacional está relacionada à prática do ensino baseado nas teorias da comunicação e nos novos aprimoramentos tecnológicos (informática, TV, rádio, vídeo, áudio, impressos).

Os altos investimentos na área de treinamento militar dos Estados Unidos tiveram grande repercussão no desenvolvimento das tecnologias educacionais; entretanto, o enfoque era detectar qual o meio, o instrumento, mais eficaz para ensinar qualquer aluno: ano ou matéria (década de 1950). Por volta da década de 1960, foram acopladas a esses estudos as análises cognitivas que procuravam identificar, de fato, como ocorria a aprendizagem dos alunos.

A partir da década de 1970, a Tecnologia Educacional passou a ter duas versões: restrita (limitando-se à utilização dos aparelhos, dos instrumentos) e ampla (conjunto de procedimentos, princípios e lógicas para atender aos problemas da educação).

No início da introdução dos recursos tecnológicos de comunicação na área educacional, houve uma tendência a imaginar que os instrumentos iriam solucionar os problemas educacionais, podendo chegar, inclusive, a substituir os próprios professores. Com o passar do tempo, não foi isso que se percebeu, e sim a possibilidade de utilizar esses instrumentos para sistematizar os processos e a organização educacional e uma reestruturação do papel do professor.

Conforme comentado anteriormente, o livro foi um dos primeiros instrumentos tecnológicos do processo de ensino-aprendizagem, o que, na época, vale relembrar, causou muitas alterações educacionais. Contudo, hoje, ele já se encontra totalmente incorporado e não nos damos conta de que ele é um instrumento tecnológico.

A implantação da informática na área educacional também não foi diferente, muitos questionaram sobre a sua utilização. É quase impossível não utilizá-la, pois não se trata apenas de um instrumento com fins limitados, mas com várias possibilidades, tais como pesquisas, simulações, comunicações ou, simplesmente, entretenimento. Cabe a quem vai utilizá-la para fins educacionais definir qual objetivo se quer atingir, pois mesmo a sua utilização restrita, como foco meramente tecnológico, tem importante valor.

Porém, podemos dizer que o início do uso da tecnologia educacional teve um enfoque bastante tecnicista, prevalecendo sempre como mais importante a utilização em específico do instrumento sem a real avaliação do seu impacto no processo cognitivo e social.

Inicialmente, a tecnologia educacional era caracterizada pela possibilidade de utilizar instrumentos sempre visando à racionalização dos recursos humanos e, de forma mais ampla, à prática educativa.

1.3.1 Diferentes percepções sobre as tecnologias educacionais

Dentre os usuários educacionais das tecnologias, destacam-se dois grupos: os "integrados" e os "apocalípticos", segundo Litwin (1997). Os "integrados" acreditam que incorporar a tecnologia é, por si só, uma inovação. Conforme esta crença, devemos estar sempre acompanhando o desenvolvimento das ciências e das tecnologias.

Ao utilizamos a informática, novas possibilidades de pensamento são alcançadas, o que possibilita transformar as nossas formas de atuar mudando o modelo mental que possuímos. O pensamento dos "integrados" percebe a tecnologia como neutra, sem intencionalidades políticas e sociais, mas apenas com as vantagens em si própria e científica. Utilizá-las significa que estamos progredindo.

> **Amplie seus conhecimentos**
>
> Modelo mental é uma terminologia utilizada para definir a forma como uma pessoa percebe o mundo de acordo com as situações com as quais ela lida no cotidiano ou não. É a forma como ela estrutura e sistematiza mentalmente uma situação. Para ler um pouco mais sobre esse assunto, acesse: <http://www.administradores.com.br/artigos/administracao-e-negocios/modelos-mentais-e-a-eficiencia-da-estrategia/32409/>.

Os "apocalípticos" já não veem a tecnologia de forma tão neutra, pois acreditam que em função do próprio desenvolvimento de suas interfaces, cada vez mais amigáveis, serão necessários menos conhecimentos para manejá-la; com isso, são poucos os que deterão tais conhecimentos, com alto grau de especialização, e muitos com níveis baixos de qualificação.

O uso produtivo das tecnologias delimita o "poder" no atual mercado. Reafirmamos: quem detém tecnologia detém poder. Tais afirmações não se restringem apenas aos monopólios dos países desenvolvidos, mas ao nosso próprio cotidiano em relação às pessoas que nos rodeiam.

1.4 Alguns efeitos das tecnologias

Apesar de muitos benefícios, a tecnologia provoca uma série de "inércias". Não precisamos mais ir ao supermercado; podemos fazê-lo usando a linha telefônica comum ou a internet. Recebemos o que quisermos em domicílio, pesquisamos saldos bancários, fazemos pagamentos, preparamos roteiros de viagens sentados na frente de um micro.

Podemos fazer praticamente tudo sentados na frente do micro e dentro de casa, não necessitando gastar com transporte e roupas para trabalhos diários, ficar retidos no trânsito e conviver com muitos dos problemas cotidianos.

Em casa, podemos ler as principais notícias, comunicar-nos por e-mails, participar de discussões sobre temas mais variados possíveis, efetuar compras, pesquisar assuntos de nosso interesse, fazer contatos que poderão gerar contratos, falar com pessoas de referência; os tímidos vão se sentir mais extrovertidos.

De fato, há uma inércia total se pensarmos nesta paralisação no convívio social presencial; dessa forma perdemos ou minimizamos um dos aspectos mais importantes para o ser humano: o contato presencial com as pessoas. Apesar de todo o avanço tecnológico, nenhuma nova tecnologia substituirá a mais perfeita tecnologia humana.

Outra questão a ser analisada é quanto aos efeitos sobre o uso das tecnologias no contexto dos sistemas produtivos, para isso sugerimos as seguintes reflexões:

» não faz sentido admitir a tecnologia sem verificar a sua relação com o homem e a sociedade;
» a tecnologia não é neutra; obedece a jogos de poderes e a leis de mercado próprias da sociedade na qual está inserida;

- » o sistema educacional está sempre se apropriando das produções tecnológicas;
- » as instituições educacionais também produzem tecnologia (softwares, livros, vídeos, jornais, blogs, conteúdos para as redes sociais etc.).

A escola está inserida nesse contexto tecnológico e cotidiano, necessita apresentar aos seus alunos situações reais e tornar as atividades mais significativas e menos abstratas para que mantenha a motivação de todos os envolvidos no processo ensino-aprendizagem.

Para incorporar a tecnologia no contexto escolar, é necessário:

- » verificar quais são os pontos de vista dos docentes em relação aos impactos das tecnologias na educação;
- » discutir com os alunos quais são os impactos que as tecnologias provocam em suas vidas cotidianas. Como eles se dão com os diversos instrumentos tecnológicos;
- » integrar os recursos tecnológicos de forma significativa com o cotidiano educacional.

O importante, ao utilizar um dos recursos tecnológicos à disposição das práticas pedagógicas, é questionar o objetivo que se quer atingir, avaliando sempre as virtudes e limitações de tais recursos.

Você deve ter percebido ao longo deste tópico que existe uma relação entre os demais segmentos da sociedade e da educação quanto ao uso das tecnologias. A escola não está dissociada do restante da sociedade, ela é um dos elementos sociais e deve ter um papel ativo neste sentido.

Fique de olho!

Diante da expansão tecnológica na atual sociedade, uma nova modalidade de analfabetismo já é comentado, o analfabetismo tecnológico. Você já ouviu falar nessa terminologia? Analfabeto tecnológico é a pessoa que não sabe lidar com as novas tecnologias, principalmente, aquelas relacionadas ao uso do computador e seus principais programas.

1.5 Ampliação do conceito de tecnologia

Conforme comentamos nos tópicos anteriores, o termo tecnologia vai muito além de meros equipamentos. A tecnologia permeia toda a nossa vida, inclusive em questões não tangíveis. As tecnologias são classificadas em três grandes grupos:

- » Tecnologias físicas: são as inovações de instrumentais físicos, tais como caneta esferográfica, livro, telefone, aparelho celular, satélites, computadores, smartphones. Estão relacionadas com Física, Engenharia, Química, Biologia.
- » Tecnologias organizadoras: são as formas de como nos relacionamos com o mundo; como os diversos sistemas produtivos estão organizados. As técnicas de gestão pela Qualidade Total são um exemplo de tecnologia organizadora. Os métodos de ensino, seja o tradicional, o construtivista, o montessoriano, são tecnologias de organização das relações de aprendizagem.

» Tecnologias simbólicas: estão relacionadas com a forma de comunicação entre as pessoas, desde a iniciação dos idiomas escritos e falados à forma como as pessoas se comunicam. São os símbolos de comunicação.

Essas tecnologias estão intimamente interligadas e são interdependentes. Vale ressaltar que, ao escolhermos uma tecnologia, estamos intrinsecamente optando por um tipo de cultura, a qual está relacionada com o momento social, político e econômico.

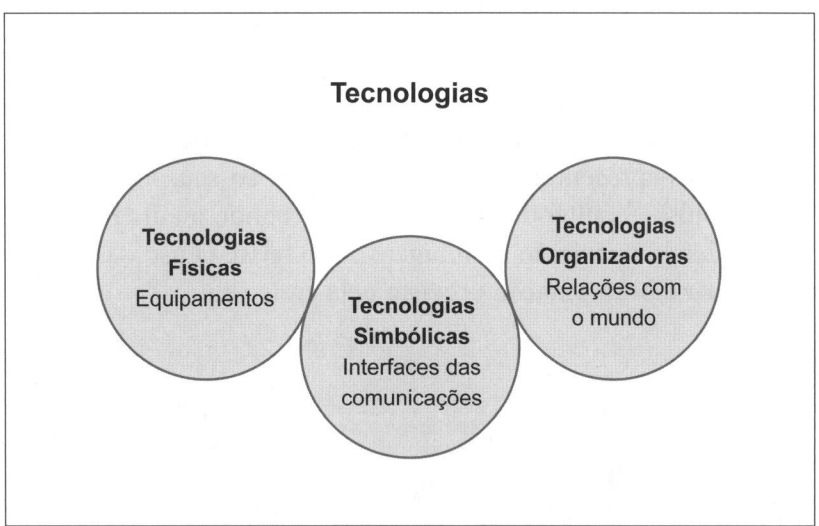

Figura 1.1 – Grupos tecnológicos.

As escolas também são tecnologias; são alternativas de solução para a educação e aprendizagem. Mecklenburger (1990, p. 106-107)[1] afirma:

> A escola é uma tecnologia da educação, no mesmo sentido em que os carros são uma tecnologia do transporte. Com a escolaridade maciça, as salas de aula são invenções tecnológicas criadas com a finalidade de realizar uma tarefa educacional. São um meio de organizar uma grande quantidade de pessoas para que possam aprender determinadas coisas.

A necessidade de entendermos a amplitude desses conceitos permite-nos visualizar as diversas mudanças na sociedade de uma forma mais integrada e não tão distantes de nós mesmos.

1.6 Tecnologia educacional e o computador: o que ele tem de diferente?

Quando utilizamos o termo tecnologia educacional, muitas vezes os educadores o consideram como um paradigma para o futuro, mas, como já vimos, a tecnologia educacional está relacionada também aos antigos instrumentos utilizados no processo ensino-aprendizagem. O giz, a lousa, o

---

[1] Citado no artigo A Tecnologia: um modo de transformar o mundo carregado de ambivalência. Disponível em: <http://oficinai.wikispaces.com/file/view/tecnologia_educacional_sancho.pdf>. Acesso em: 14 abr. 2014.

retroprojetor, o vídeo, a televisão, o jornal impresso, um aparelho de som, um gravador de áudio e de vídeo, o rádio, o livro e o computador são todos elementos instrumentais componentes da tecnologia educacional. Mas, por que tantas atenções voltadas para o computador? Em que se difere das demais tecnologias?

Os demais instrumentos têm seus usos limitados. Por exemplo, a programação de uma aula com o uso do rádio terá sempre de ser realizada no horário do programa da transmissora de rádio. Não há como pararmos um noticiário para efetuar questionamentos. O aluno é um receptor das mensagens transmitidas, não ocorrendo a interatividade com o rádio.

Um vídeo possibilita a paralisação da apresentação, conforme o interesse do professor, mas nesse caso também não ocorre a interatividade. No caso do giz, além de ter uma produção lenta e cansativa, muitos professores apresentam sintomas alérgicos ao seu pó; dessa forma, os projetores ganharam um imenso impulso, facilitando, agilizando e tornando a aula mais atrativa, mas este não apresenta características além da projeção de imagens num telão. O uso da televisão, também, é passivo, e temos de nos adequar à programação prevista pela emissora.

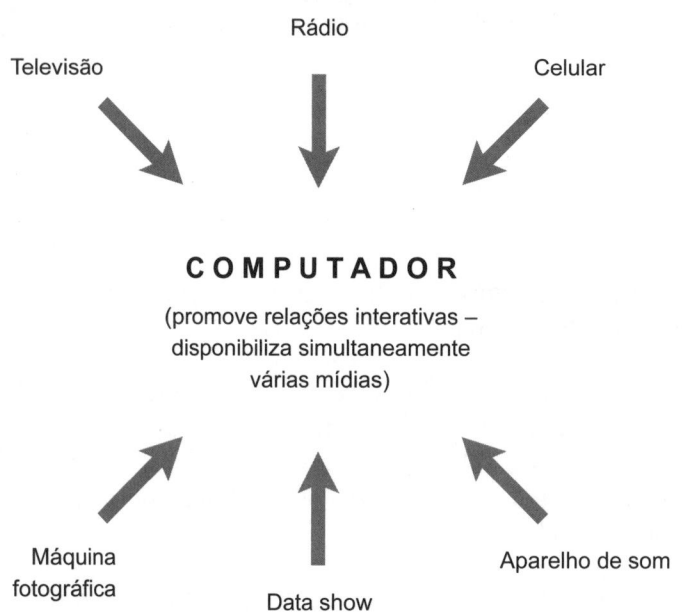

Figura 1.2 – Computador: equipamento de integração tecnológica.

O ganho do computador em relação aos demais recursos tecnológicos, no âmbito educacional, está relacionado à sua característica de interatividade, à sua grande possibilidade de ser um instrumento que pode ser utilizado para facilitar a aprendizagem individualizada, visto que ele só executa o que ordenamos; portanto, limita-se aos nossos potenciais e anseios. Além disso, vários dos recursos tecnológicos citados anteriormente podem ser incorporados ao computador.

Veja alguns exemplos disso e é bem provável que esses exemplos já façam parte do seu cotidiano: é possível acessarmos a internet e ao mesmo tempo ouvir rádio; podemos inserir, nas nossas apresentações nos computadores, as fotos e filmagens que produzimos com a máquina fotográfica, a filmadora, o celular ou smartphone; os retroprojetores tomaram uma nova forma, passando para os "data show"; para acessarmos os canais de televisão pelo computador, basta termos os recursos necessários; podemos conversar com pessoas distantes utilizando o microfone do computador. O computador funciona como um grande aglutinador das várias tecnologias existentes.

O computador é uma máquina que possibilita a interatividade em tempo real. O conceito básico de diferenciação dessa máquina em relação às demais também se dá por conta do seu próprio sistema de funcionamento: entrada, processamento e saída de informações – sistema do qual nenhuma outra máquina dispõe.

Fique de olho!

Ao longo de todo este livro teremos como objetivo a apresentação do computador como a tecnologia para uso educacional. Sabemos que o termo tecnologia educacional está relacionado a qualquer recurso tecnológico para favorecer o processo de ensino-aprendizagem, porém, neste livro, ao nos referirmos nos próximos capítulos sobre tecnologia educacional, estaremos direcionando as explicações para o uso do computador na educação, o que encerra o mesmo significado que informática na educação, que também subentende o uso do computador interligado à internet.

1.7 As eras da humanidade, as tecnologias e a educação

Estamos vivendo um período com muitas e rápidas mudanças que vão além dos computadores e das inovações na área de telecomunicações. As mudanças estão ocorrendo nas áreas econômicas, sociais, culturais, políticas, religiosas, institucionais e até mesmo filosóficas. Uma nova civilização está nascendo, que envolve uma nova maneira de viver (TOFFLER, 1993).

Toffler, no seu livro *A Terceira Onda*, retrata as mudanças ocorridas na humanidade através da metáfora das ondas da humanidade. As ondas às quais Toffler se refere sempre retratam as diferentes formas de criação de riquezas. A primeira onda foi quando a raça humana passou de uma civilização tipicamente nômade para uma civilização basicamente agrícola, sedentária. Isso aconteceu cerca de 10 mil anos atrás.

A segunda onda ocorreu quando a civilização basicamente agrícola passou para uma civilização basicamente industrial. O início dessa mudança se deu há cerca de 300 anos, nos EUA e na Europa, apesar de atualmente muitas regiões do mundo ainda não terem atingido esse estágio.

A terceira onda começou por volta de 1955 nos Estados Unidos e em alguns outros países que estavam no auge do seu desenvolvimento industrial. Sua principal inovação está no fato de que o conhecimento passou a ser não um meio adicional de produção de riquezas, mas o meio dominante. O conhecimento se tornou um ingrediente indispensável nos diversos sistemas produtivos.

A terceira onda se distingue da segunda em vários aspectos, que são:

- Na segunda onda, o valor de uma empresa estava relacionado à quantidade de prédios, funcionários e máquinas. Na terceira onda, os valores são intangíveis; o que vale são os conhecimentos que estão na cabeça das pessoas.

- Na segunda onda, os processos de produção eram massificados e seriais. A terceira onda volta sua produção para o cliente, conforme seu interesse individual. Prevalece o atendimento das necessidades individuais; cada indivíduo quer ser reconhecido como um ser único.

- Na segunda onda, o trabalhador era treinado para não fazer perguntas, não pensar e não inovar. Na terceira onda, exige-se que os trabalhadores sejam criativos, inovadores, críticos e que estejam melhorando continuamente.

- Na segunda onda, os produtos possuíam um longo ciclo de vida. Na terceira onda, os produtos estão sempre sendo melhorados e modificados a cada instante. A inovação é o grande diferencial.

- Na segunda onda, a estrutura familiar era nuclear e sempre contava com um pai, uma mãe e filhos. Na terceira onda, a estrutura familiar se diversificou. Existem famílias sem pai, ou sem mãe, casais sem filhos, pessoas solteiras morando sozinhas, divorciados e casais sem relações formais de união.

- A velocidade das mudanças na terceira onda é um fator crítico de sucesso. Tempo e dinheiro estão diretamente relacionados. A informação tem um percurso em constante estágio de aceleração.

As organizações estão mudando os seus quadros, os formatos de suas hierarquias, as estruturas organizacionais e as formas de produção. Cada vez mais percebemos o fim das fronteiras tecnológicas. "Elas se cruzam a toda hora" (DRUCKER, 1998).

Uma inovação ou descoberta tecnológica utilizada na área da siderurgia é útil na área da aeronáutica; a descoberta dos transistores nos Bell Labs é largamente utilizada na indústria de computadores. As descobertas da indústria química são utilizadas nas indústrias de armamento.

Estas interligações nem sempre foram visíveis. "Durante o século XIX e a primeira metade do século XX, era possível dar como certo que as tecnologias estranhas a uma indústria exerciam impactos mínimos sobre aquela indústria. Quem conhecesse bem sua própria tecnologia prosperava" (DRUCKER, 1998).

Esta característica de isolamento de ações também era muito perceptível na formação dos profissionais, em que era supervalorizado o alto grau de especialização. Cada vez mais se conhecia melhor um problema e menos se entendia a interligação do todo que estava ao seu redor.

É diante de todas essas mudanças, oriundas das transformações sociais e do avanço das tecnologias, que percebemos as mudanças que estão ocorrendo com o comportamento dos homens e das mulheres, os quais são ingredientes dessas mudanças.

É necessária a formação de um novo homem. O perfil do novo profissional não é mais o especialista. O importante é saber lidar com diferentes situações, resolver problemas imprevistos, ser flexível e multifuncional e estar sempre aprendendo.

Como marco do novo milênio, temos a internet que, a partir de 1995, penetrou no mercado, iniciando uma nova revolução, a revolução digital, a era da inteligência em rede, na qual seres humanos combinam sua inteligência, conhecimento e criatividade para revoluções na produção de riquezas e desenvolvimento social. Essa era é conhecida como Era Digital. Essa revolução atinge todos os empreendimentos da humanidade – aprendizagem, saúde, trabalho, entretenimento (TAPSCOTT, 1997).

É preciso visualizar esta situação social que estamos vivendo. A educação necessita estar atenta às suas propostas e não se marginalizar, tornando-se obsoleta e sem flexibilidade. Essas mudanças podem ser realizadas pelos diversos atores da educação que, tendo uma visão de futuro e possuindo mente aberta para refletir criticamente sobre suas práticas no processo de ensinar e aprender, tornam-se agentes ativos em todo o sistema educacional.

Vamos recapitular?

Você aprendeu que as palavras técnicas e tecnologias estão interligadas entre si e que toda técnica gera alterações onde ela é utilizada, não se restringindo apenas ao seu efeito produtivo em si.

Vimos que as tecnologias estão amplamente difundidas em todos os segmentos sociais, econômicos, educacionais e culturais gerando inúmeras possibilidades de usos e de benefícios, e que também na área de educação o uso de tecnologia não se aplica apenas ao uso do computador como instrumento de ensino e aprendizagem, mas a todas as tecnologias em si, desde o giz até os mais avançados recursos de tecnologia que envolvem as informações e as redes de computadores: internet.

Por fim, o capítulo mostra que a escola, como qualquer outro ambiente que promove a cultura e a educação, deve incorporar as tecnologias de forma crítica e reflexiva sempre para favorecer a melhoria da qualidade de vida das pessoas e do meio onde ela está inserida.

Agora é com você!

1) Descreva com suas próprias palavras as diferenças entre as palavras técnica e tecnologia e explique o que significa tecnologia no sentido mais amplo. Em seguida, exemplifique o conceito apresentado.

2) Na sua opinião e conforme os conceitos apresentados, quais são os principais efeitos das tecnologias na sociedade? Aponte esses efeitos identificando os ganhos e as dificuldades geradas por ela?

3) Pesquise no seu ambiente escolar quais são os instrumentos tecnológicos disponíveis e os impactos que causam no processo ensino-aprendizagem.

4) Efetue a leitura do texto a seguir retirado do livro *A Máquina das Crianças*, de Seymour Papert. Em seguida, faça a seguinte análise: na sua opinião, por que isso acontece nos ambientes escolares?

Imagine um grupo de viajantes do tempo de um século anterior, entre eles um grupo de cirurgiões e outro de professores primários, cada qual ansioso para ver o quanto as coisas mudaram em sua profissão há cem anos ou mais no futuro. Imagine o espanto dos cirurgiões ao entrarem numa sala de operações de um hospital moderno. Embora pudessem entender que algum tipo de operação estava ocorrendo e pudessem até mesmo adivinhar o órgão-alvo, na maioria dos casos seriam incapazes de imaginar o que o cirurgião estava tentando fazer, ou qual a finalidade dos muitos aparelhos estranhos que ele e sua equipe cirúrgica estavam utilizando. Os rituais de antissepsia e anestesia, os aparelhos eletrônicos com seus sinais de alarme e orientação e até mesmo as intensas luzes, tão familiares às plateias de televisão, seriam completamente estranhos para eles.

Os professores viajantes do tempo responderiam de uma forma muito diferente a uma sala de aula de ensino fundamental moderna. Eles poderiam sentir-se intrigados com relação a alguns poucos objetos estranhos. Poderiam perceber que algumas técnicas-padrão mudaram – e provavelmente discordariam entre si quanto às mudanças que observaram – se foram para melhor ou para pior –, mas perceberiam plenamente a finalidade da maior parte do que se tentava fazer e poderiam, com bastante facilidade, assumir a classe.

A Educação e Outros Segmentos na Era Digital

Para começar

Neste capítulo, você efetuará uma reflexão sobre as principais questões da Era Digital e como ela afeta a escola, o papel dos professores e dos administradores escolares, o currículo e os novos instrumentos de aprendizagem. Conhecerá as principais características deste novo ambiente digital, também conhecido como ciberespaço. Por fim, também conhecerá o impacto da internet em diferentes modalidades de negócios.

2.1 Uma reflexão introdutória sobre a Era Digital

Eis que o conhecimento está por todos os lugares ao nosso redor, a educação permeando nosso viver diário e a qualquer momento de inspiração e expiração. Eis a flexibilidade de pensar e reconstruir o saber em estado contínuo, ao abandono da verdade absoluta, a validade de uma ética universal. Estamos diante de uma nova revolução que nos enterra em abismos de ignorância contingencial, a um sufoco de contrastes analógicos e digitais, a uma remodelação de conceitos, valores e hábitos revistos numa velocidade nunca presenciada e de forma tão dispersa. O conhecimento é a nossa atual matéria-prima, sem ele teremos baixas condições de sobrevivência.

Estamos diante de uma revolução que poderá ser total se for eticamente compartilhada com todos e para todos; caso contrário, estaremos criando mais uma estratificação social e cada vez mais distante da maioria sem acesso a este privilégio.

As inovações tecnológicas digitais podem facilitar nossas vidas. As novas tecnologias estão criando uma forma diferente de organização social. A sociedade global de informações está criando uma forma de congregação de pessoas: as ricas e as pobres de informações, as com e as sem acesso às informações e por fim as que sabem lidar com as informações obtidas e criticá-las e as que absorvem sem saber e de forma ingênua o que lhes aparece.

Diante desse contexto é importante refletir sobre algumas grandes questões: como a internet pode ajudar a educação e o desenvolvimento socioeconômico-cultural? Como esta vantagem tecnológica pode ocorrer e favorecer os países menos desenvolvidos? Quais são os benefícios que essa tecnologia pode trazer para todos?

Apesar de todos os avanços, em alguns países a infraestrutura de telecomunicações encontra-se em estágio principiante, não possui prioridade nos investimentos governamentais, enquanto em outros países essa área tem recebido prioridades orçamentárias. Esses países mais pobres não possuem sequer rede elétrica, existindo poucas oportunidades para implantar a internet. Algumas das estratégias adotadas para alavancar essas inovações estão sendo as privatizações dos serviços de telecomunicações, que ocorrem a partir dos oligopólios das empresas telefônicas quando não ocorrem pelas prestadoras de serviços estatais.

Amplie seus conhecimentos

"A ONU propôs uma discussão sobre o papel da internet na sociedade, na Cúpula Mundial da Sociedade da Informação (World Summit on the Information Society, WSIS), que se realizou em duas fases – a primeira em Genebra (2003); a segunda em Tunis (2005), e traçou metas ainda mais ambiciosas relativas às tecnologias de informação e de comunicação, estender a internet a todas as localidades do mundo até 2015. São metas da Cúpula Mundial da Sociedade da Informação conectar todas as localidades, todas as instituições de ensino, todas as instituições de pesquisa científica, todos os museus e bibliotecas públicas, todos os hospitais e centros de saúde, assim como as instituições em todos os níveis de governo. Adicionalmente, visa adaptar os currículos escolares para enfrentar os desafios da sociedade da informação, assegurar que todos tenham acesso à televisão e ao rádio, e garantir que mais da metade da população mundial tenha acesso às TIC até 2015."

Quer saber mais? Que tal pesquisar o site <http://www.sae.gov.br/brasil2022/?p=222>? Aproveite e amplie seus conhecimentos!

Além dessas questões de infraestrutura, os países menos favorecidos também não desenvolvem pesquisas, necessitando sempre recorrer aos conhecimentos dos países mais desenvolvidos. Alguns países asiáticos têm se desenvolvido e investido muito nas novas tecnologias, principalmente aqueles chamados Tigres Asiáticos. Estes países estão disponibilizando computadores em todas as escolas do ensino fundamental e estão se tornando a via/caminho da multimídia; entretanto outros países asiáticos ainda possuem poucos computadores e seu atraso se deve, principalmente, aos seus constantes conflitos internos.

Amplie seus conhecimentos

Os países chamados Tigres Asiáticos são Cingapura, Coreia do Sul, Taiwan e Hong Kong. Recebem essa denominação porque agem de forma agressiva e rápida na economia. Para que conseguissem essa vantagem competitiva, eles reduziram os impostos, investiram em tecnologia, em educação, incentivaram a exportação, favoreceram a entrada de empresas multinacionais, se inseriram no mercado internacional e ofereceram mão de obra mais barata e muito disciplinada. Aprenda um pouco mais sobre isso em <http://www.suapesquisa.com/o_que_e/tigres_asiaticos.htm>.

A internet pode ser utilizada tanto para atender demandas individuais, como também para beneficiar a coletividade, tais como projetos de saúde pública, democratização de informações públicas em geral, geração de novas oportunidades de trabalho e para facilitar o acesso a novos aprendizados e conhecimentos.

Em muitos países, dentre o Brasil, já existe acesso público à internet em postos comunitários, livrarias, bares e cafés. Isso é uma forma inovadora de possibilitar o acesso à informação.

> **Amplie seus conhecimentos**
>
> No Brasil existem os telecentros, espaços públicos localizados em diferentes tipos de ambientes que disponibilizam computadores com acesso à internet. Nestes locais, o público pode realizar pesquisas, trabalhos e outras atividades conforme suas demandas. Foi dessa forma que o governo possibilitou a inclusão digital às camadas menos beneficiadas da população. Para sua utilização, as pessoas realizam um cadastro e ainda contam com apoio de monitores locais para tirar dúvidas quanto ao uso do computador.
>
> Essa iniciativa é encontrada em várias partes do Brasil, por incentivo do governo federal, estadual ou municipal. Quer saber mais? Acesse o site do Ministério das Comunicações <http://www.mc.gov.br/inclusao-digital-mc/telecentros/> e o da Rede Telecentro do Banco do Brasil <http://www.redetelecentro.com.br/portal/>.

A utilidade coletiva da internet pode ser bem empregada no campo da saúde a partir da disponibilização de informações médicas, facilitando os diagnósticos e acompanhamentos médicos independentemente das distâncias físicas e temporais. No campo político, a internet pode ser útil, visto que possibilita o acesso às informações de base social e econômica, reforçando as políticas democráticas.

No campo da educação, a internet ocupa um espaço precioso, até mesmo porque ela nasceu no meio acadêmico, interligando os pesquisadores e cientistas norte-americanos. Apesar de ainda serem dominantes a língua inglesa, a cultura e os valores dos Estados Unidos, ela pode se tornar uma ferramenta que favoreça o aparecimento de uma cultura cada vez mais heterogênea.

A Era Digital exige um repensar quanto à educação. Segundo Don Tapscott, existem seis temas que devem ser abordados no novo aprendizado, que são:

» Tema 1: cada vez mais, trabalho e aprendizado estão sendo considerados a mesma coisa: o novo trabalho requer mudanças contínuas, novas formas de realizar as operações e inovações cada vez mais rápidas. Só atingimos esses padrões com pesquisa, oriundos de uma qualidade educacional que favoreça a geração de novos conhecimentos. Aprendizado é a nova força de trabalho.

» Tema 2: o aprendizado está se tornando um desafio para toda uma vida: na antiga economia, em que as mudanças eram mais lentas, nossas vidas eram divididas em dois momentos: estudar para se formar e depois para trabalhar. Na nova economia, temos que reinventar nossa base de conhecimento durante toda a vida. O aprendizado é eterno.

» Tema 3: o aprendizado está indo além das escolas e universidades formais: em função da necessidade contínua de aprendizado, o setor privado está assumindo cada vez mais responsabilidades pela atualização de conhecimentos. Tanto as empresas quanto os indivíduos descobriram que precisam assumir a responsabilidade de serem eficazes.

> Tema 4: algumas instituições educacionais estão trabalhando com afinco para reinventar a si próprias para fins de relevância, mas o progresso é lento. As instituições formais têm sido lentas nas suas respostas e muitas ainda estão imersas nos paradigmas do passado.

> Tema 5: a consciência organizacional é necessária para criar organizações de aprendizado: as organizações são ambientes de eterno aprendizado; nelas estamos sempre aprendendo e promovendo novos aprendizados. As organizações constituem-se como ambientes que favorecem o aprendizado contínuo, tendo como base a prática de suas próprias operações.

> Tema 6: a nova mídia tem condições de transformar a educação e criar uma infraestrutura de trabalho-aprendizado para a economia digital: a localização do aprendizado extrapolou a sala de aula; o aprendizado agora pode ocorrer no local de trabalho, no carro, em casa. As novas tecnologias favorecem para que os professores assumam uma postura mais dinâmica e de facilitador do processo de aprendizado.

Tendo como pressuposto esta percepção, a utilização da internet torna-se bastante propícia como mais um novo meio para a educação. Podemos perceber que estamos diante de uma grande oportunidade para refazer e alterar todos os mecanismos que afetam diretamente a educação, tais como professores, administradores escolares, currículo, instrumentos de aprendizagem e a política educacional.

Com tantas inovações tecnológicas ocorrendo em volta de todos nós, é quase impossível nos recusarmos a participar delas. Dentre essas inovações, uma das que mais se destaca é a internet, que rompe as fronteiras dos países e abre um grande leque de oportunidades jamais imaginadas. A qualquer momento do dia e da noite é possível se comunicar com pessoas de diferentes países e de qualquer continente, passear por museus, fazer compras, verificar as notícias dos principais jornais, assistir a *trailers* dos últimos lançamentos dos filmes produzidos em qualquer parte do mundo, tomar nota das tendências da moda, experimentar programas antes mesmo de termos de comprá-los.

Seria quase impossível escrever em poucas linhas as grandes vantagens e possibilidades que podemos ter com a internet. Por sinal, veremos sobre isso ao longo de todo esse livro. Tudo isso é possível a um custo bastante acessível, sem pagar passagens aéreas, sem sofrer em congestionamentos no trânsito, sem custos de hotelaria e outras despesas extras. Para ter acesso à internet, basta ter um microcomputador e acesso a algum sistema de comunicação que permita essa interligação.

A internet é a mídia que mais cresce em todo o mundo. A internet está promovendo mudanças sociais, econômicas, educacionais e culturais. Estamos diante da Revolução Digital, revolução com tantos atributos que chega a ser comparada com a Revolução Industrial. Estamos diante de novos paradigmas, de novas formas de produção, de novos empregos, de novas formas de comunicação, e a escola também está sendo atingida por essa revolução binária e digital.

Fique de olho!

Mídia é qualquer canal utilizado para efetuar uma comunicação. É por meio dela que repassamos as informações para outras pessoas. Na educação podemos dizer que são mídias todos os recursos utilizados na área da tecnologia educacional, tais como: livros, jornais impressos ou eletrônicos, as redes sociais, os blogs, os sites em geral, dentre outros.

Dentre os serviços da internet que mais se destacam, podemos citar WWW, FTP, bate-papo (comunicações síncronas), correio eletrônico (comunicações assíncronas), listas de discussão, comunidades virtuais, fóruns e redes sociais. Todas essas possibilidades serão tratadas nos próximos capítulos deste livro.

2.2 A Educação na Era Digital: algumas reflexões e proposições

Vamos agora falar um pouco de como tudo isso começou? Na década de 1960, a defesa norte-americana estava preocupada em desenvolver uma rede que mantivesse os computadores interligados mesmo em situação de uma possível guerra.

Nessa época, além das organizações militares, apenas as universidades norte-americanas faziam uso delas, e suas principais utilizações concentravam-se em pesquisas. Ainda hoje a internet é utilizada na área militar, porém não existe mais essa predominância, pois ela está disseminada em todos os tipos de negócios, sejam públicos ou privados.

Fique de olho!

No Capítulo 3, falaremos com maiores detalhes sobre os principais momentos históricos da internet.

Com a internet, podemos promover algumas das questões mais importantes para a atualidade: a localização de informações e o acesso à comunicação.

A internet é uma grande aliada para atingirmos um futuro com sucesso. Podemos ainda concluir que o que temos hoje é apenas uma pequena simulação da economia do futuro. Portanto, precisamos educar nossos filhos e promover a educação de nossos alunos com uma visão de futuro incorporando a internet como um recurso didático, seja para buscar informações e conhecimentos, seja para nos comunicarmos ou para publicarmos as nossas aprendizagens.

Mas que futuro é esse? Essa é uma grande incógnita; certamente, não será o que vivemos hoje. Já superamos a fase de educação para os sistemas industrializados, a educação em massa. As riquezas não são mais medidas em função das conquistas materiais, sejam riquezas industriais, sejam riquezas agrícolas. O insumo para geração de riqueza no futuro, que já é realidade, é o conhecimento, e sua possibilidade de expansão pode ocorrer de uma forma bem mais fácil e rápida por meio da internet.

Diante desse contexto, os jovens devem ser estimulados a localizar as informações, a tratá-las e criticá-las e, por fim, a se comunicar. A internet é um excelente canal de comunicação, acessível financeiramente e veloz, sem limite de fronteira geográfica e temporal. Podemos nos comunicar com grandes estudiosos, cientistas e políticos. De outra forma, seria quase impossível fazer essa comunicação. É necessário sabermos aproveitar esse novo paradigma.

No contexto da educação, como já mencionado, a internet traz muitos benefícios para a educação, tanto para gestores escolares quanto para professores e alunos. Com ela podemos mais rapidamente tirar as nossas dúvidas e dos nossos alunos e sugerir muitas pesquisas. Com todas essas vantagens, será mais dinâmica a preparação de aula, pois a amplitude de possibilidades aumenta para a busca de novas estratégias.

Ao mesmo tempo que favorece todo o processo de aprendizagem, a internet apresenta-se como mais um dos motivos da necessidade de mudança do papel do professor. Ela é uma oportunidade para que professores inovadores e abertos realizem as mudanças de paradigma. A internet é ilimitada; a cada momento novas páginas são inseridas, excluídas e alteradas. É impossível o professor deter o conhecimento das diversas fontes de pesquisas, dos mais variados sites existentes na rede. Muitas vezes, os alunos localizam informações em páginas que nunca foram visitadas pelos professores.

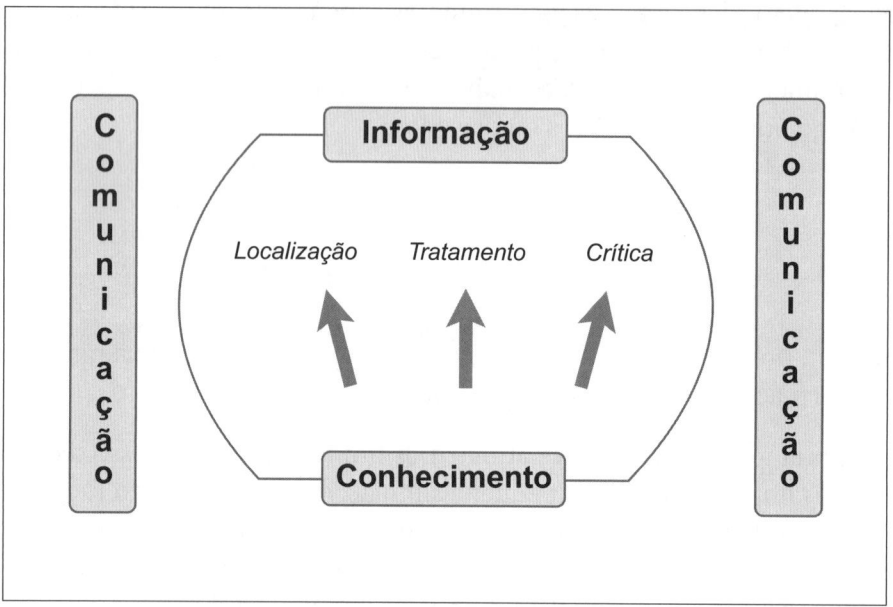

Figura 2.1 – Possibilidades da internet na educação.

2.2.1 O papel dos professores

Qual é o papel do professor diante da nova realidade? Promover o confronto das informações localizadas, verificar a validade delas, procurando sempre estimular o senso crítico do aluno e aproveitar para atualizar seus conhecimentos.

O professor terá à sua disposição a possibilidade de elaborar um processo de ensino-aprendizagem de forma mais aberta, flexível, inovadora, contínua, exigindo de si melhor formação teórica e comunicacional, visto que quanto maior o número de informações com as quais nos deparamos, mais complexo torna-se todo esse processo.

Um dos pontos cruciais para o sucesso de um projeto educacional, com o uso da internet, é a capacitação dos professores, seja em didática, tecnologia computacional, teorias de aprendizagens e, por fim, a própria exercitação e reflexão do uso desta técnica em prol da educação.

> **Fique de olho!**
>
> No Capítulo 7 você conhecerá melhor os aspectos essenciais para capacitação dos professores quanto ao uso da informática na educação.

Nós somos seres animais que nos integramos ao meio, provocamos modificações, produzimos relações. A educação deve ser integradora e não mera adaptadora de circunstâncias. A educação é móvel, a cultura é resultado da ação do homem. O contexto é integrado, suas partes se articulam entre si e estão sempre em troca. Nós somos seres culturais em estado contínuo de mutações e influências, como Paulo Freire diz: "somos seres inacabados", e ainda acrescenta: "ninguém educa ninguém, as pessoas se educam mutuamente". Como os professores estão sendo formados para conceber a internet como mais um meio de aprendizagem?

Vale lembrar que para qualquer projeto dar certo, é preciso acreditar no que estamos fazendo. É bom estarmos alertas e aprendermos a aprender. Portanto, o professor precisa estar ciente de todos os fatores que afetam a educação nesta nova era, a Era Digital.

2.2.2 O papel dos administradores escolares

Apesar de todas as mudanças ocorridas, as escolas são conhecidas por seus mecanismos lentos de inovações e estamos sempre nos perguntando: por quê? As escolas, diferentemente de outras instituições, não possuem em sua concepção a obtenção de lucros. Seu objeto existencial lida com o saber e o repassar da cultura, o que acarreta um diferente posicionamento no mercado e na sua forma de agir.

Neste sentido, também é necessário um olhar para os administradores escolares, que, geralmente, são profissionais que migraram da própria área de educação e não lidam com questões de competitividade, e quando assim concebem suas atividades são discriminados e rejeitados. Tal posicionamento favorece a lentidão do processo de modernização das escolas.

Vale reforçar que nem todas as inovações devem ser incorporadas e que as tecnologias da informação não são a salvação das escolas, entretanto, os administradores escolares devem estar atentos para as mudanças culturais, sociais e econômicas que estão ao seu redor para não ficarem defasados diante do atual contexto histórico.

2.2.3 Uma nova visão para o currículo

Se quiser saber algo sobre um ser humano, pesquise a respeito dos currículos por ele vividos. O currículo é considerado um dos ingredientes que formam um ser humano. Devemos ficar atentos aos currículos ocultos, que não estão expressos em estatutos, regimentos e planejamentos, aos currículos que estão além da escola, aos acontecimentos e fatos vivenciados por nossos alunos em qualquer circunstância em que eles estejam, visto que é neste momento que eles estarão pondo em prática os currículos aprendidos.

As tecnologias da informação vêm como mais um componente curricular que precisa aparecer de forma clara e intencional, mas não de forma substituível de outros recursos.

Pensar em utilizar esses novos recursos de tecnologia da informação na educação é repensar o currículo considerando uma nova forma de interação, cooperação e colaboração entre todos os atores participantes deste processo.

Por fim e para reforçar, o currículo nas escolas deve estar em consonância com os interesses dos alunos, deve satisfazê-los e motivá-los, deve estar próximo de sua realidade.

2.2.4 Novos instrumentos de aprendizagem

Com a Era Digital as escolas possuem à sua disposição mais um recurso para proporcionar novas formas de aprender. Giz, livro-texto, televisão, videocassete, slides, transparências e todos os outros recursos analógicos ganham como parceiros os novos instrumentos digitais, como softwares de exercitação e de simulação, jogos, cursos hipermídia, fóruns digitais, WWW, lista de discussão, comunidades virtuais, ambientes de aprendizagem. Novas formas de aprender são estimuladas em ambientes binários, aprendizados podem ocorrer com o auxílio dos computadores e das redes digitais.

2.2.5 Características do novo espaço para o saber: o ciberespaço

No livro *Cibercultura*, Lévy (1999) apresenta os espaços que foram e são ocupados pelos humanos: a Terra, o território, o espaço das mercadorias e o espaço do saber. O espaço da Terra entende-se como o cosmo habitado e as suas relações com o meio ambiente. O território é definido como o espaço físico delimitado por ações, sendo as de depredações e as de fixações. O espaço das mercadorias é definido pelas mobilizações econômicas, mercantilistas. O espaço do saber sempre existiu e parece ficar cada vez mais definido, real e habitável. O espaço do saber é subjetivo, é próprio do *Homo sapiens*.

As comunicações digitais constroem o ciberespaço, as infovias que transcendem tempo, espaço e culturas, disponibilizando um novo espaço para o saber. Um espaço que favorece saberes complexos, interconectados e transcendentes.

Lévy (1999) define o ciberespaço como o espaço de comunicação livre e aberto pela interligação mundial dos computadores e das memórias com seus conteúdos armazenados nos computadores.

As comunicações digitais subsidiam o ciberespaço. A internet é considerada, atualmente, o grande espaço de interações dos seres humanos, que ocorre de forma anarquista entre vários centros informáticos em todas as partes do mundo. Por isso, chamamos a internet de a "rede das redes".

As redes digitais de comunicação podem promover a formação de laços sociais, compondo um dos ingredientes da engenharia social. O ciberespaço cria outros espaços por onde circulam diferentes saberes, que podem se relacionar de forma integrada, mediante ações cooperativas e democráticas.

O ciberespaço tende a ser ampliado e acessível para todos ou para muitos, assim como é o telefone e a televisão. Esse novo espaço aparece como mais uma opção e meio para o desenvolvimento de novos saberes, permitindo viver situações nômades e circulantes.

Ele é resultado do processo cultural do humano. É humano e está acessível para os humanos. Viver as movimentações humanas nos ciberespaços significa estar diante de um espaço dinâmico capaz de gerar novas oportunidades que muitas vezes ainda não conhecemos.

No ciberespaço podemos construir uma inteligência coletiva, agir coletivamente, pensar em conjunto e agir em conjunto, realizar aventuras e influenciá-la novamente. Nele, é possível combinar todos os mecanismos atuais de comunicação e realizar várias simulações de forma interativa e em tempo real.

Como o ciberespaço pode favorecer a construção de ambientes cooperativos e que promovam a inteligência coletiva? Talvez a partir da construção de comunidades virtuais, fóruns e listas de discussão. A partir da conexão entre pessoas, interesses, equipes, coletivos realizando e promovendo a cooperação entre as pessoas, a democracia, rompendo os sistemas burocráticos e totalitários.

Mas será que o ciberespaço é tão potente assim? Ele é formado pelas infovias, pelos computadores, pela rede das redes, pelas conexões. Vale ressaltar que nem todos os espaços do ciberespaço são democráticos, nem todos esses espaços promovem a construção de inteligências coletivas. Seria o mesmo que dizer que todas as partes do planeta estão aptas para qualquer tipo de plantação, de construção de qualquer tipo de cultura, de hominização. Da mesma forma como existem diferentes culturas, é possível perceber o ciberespaço com essas diferenças também.

O ciberespaço é móvel, é fruto da construção cultural. Percebe-se que nele existem diferentes espaços, com diferentes características, significados e relações.

Alguns destes espaços constituem as comunidades virtuais que podem possibilitar a democracia em tempo real, indo além do votar, mas, principalmente, contando com a participação efetiva dos autores, que geram produções e constroem o seu próprio espaço.

A internet é uma mudança/ação do homem sobre a natureza. A cultura digital é resultado de uma manifestação histórico-social. É uma consequência cultural das ondas da humanidade.

2.3 Diferentes negócios na Era Digital: a Economia Digital

A Era Digital é caracterizada pela conexão entre os computadores de todo o mundo, mas, além de conectar pessoas, ela também é constituída por um espaço nunca disponível na humanidade, o espaço da internet, o espaço do virtual, do digital, da "infovia", o ciberespaço, conforme vimos anteriormente. Essa mudança significa que qualquer pessoa, em qualquer local do planeta que possua acesso à internet, pode gerar as próprias oportunidades e obter conhecimento.

Tapscott (1999) chama a atenção para que o que mais se teme nesta nova era "é a nova forma de estratificação social, que se divide nas camadas: os que têm e os que não têm acesso à informação, os que conhecem e os que não conhecem, os que fazem e os que não fazem – uma estratificação digital". Complementando, a Economia Digital, ao mesmo tempo que é uma grande oportunidade, também gera desigualdade, pois muitos ainda não têm acesso a uma boa educação.

A Economia Digital é o sistema econômico que possui a informação como insumo básico em formato digital para a geração de oportunidades em diferentes segmentos e modalidades. Ela é digital porque todas as informações estão em uma combinação de bits e bytes. A Economia Digital é constituída por pessoas com conteúdos que usam as tecnologias da informação e comunicação para criar negócios na internet.

No último nível da estratificação digital comentada por Tapscot (1999), temos "os que fazem e os que não fazem"; em outras palavras, os que empreendem e os que não empreendem, os que geram oportunidades e os que não geram. Perceba que o espírito empreendedor também é necessário na Economia Digital.

Com a incorporação das redes de computadores, temos a formação da Economia Digital, caracterizada pela circulação de bits e bytes em uma velocidade sem limite, como já dizia Negroponte (1995): "parece evidente que não existe limite de velocidade na rodovia eletrônica". Hoje, no século XXI, podemos afirmar que estamos em uma sociedade em que realizações e empreendimentos acontecem sem limite de velocidade, ou em um limite acessível a todo momento; basta ter a ideia, concretizá-la em um site da internet e pronto! Está disponível para todos.

Fique de olho!

A lógica utilizada no computador baseia-se no sistema binário, em que existe apenas a organização de vários "zeros" e "uns". O bit é a menor representação de uma informação nos sistemas digitais. O byte é a combinação de 8 bits formando qualquer um dos caracteres, letras ou números disponíveis na comunicação eletrônica.

Quando falamos de Economia Digital, referimo-nos aos negócios feitos na internet, também conhecidos como *e-business*. Atualmente, existem vários tipos nesse ambiente virtual e você certamente os conhece. Também há vários ramos que foram afetados diretamente pela chegada da internet. Veja alguns deles:

» Bancos comerciais: você já imaginou como seriam os bancos atualmente sem a internet? Muitas atividades bancárias hoje em dia são realizadas pela internet, como pagamentos, transferências e aplicações.

» Comércio eletrônico: várias empresas vendem mais pela internet do que por suas lojas físicas. Esse tipo de negócio também é conhecido como *e-commerce* e abrange lojas que vendem discos, livros, eletrodomésticos, roupas, sapatos, perfumes; enfim, tudo o que você pode imaginar já é comercializado no ambiente virtual.

» Cursos a distância: muitas escolas, faculdades e universidades oferecem cursos nos ambientes virtuais de aprendizagem como maneira de ampliar sua atuação, além de suas fronteiras físicas e geográficas. Algumas pessoas estão impossibilitadas de frequentar uma escola; por meio da educação a distância, elas têm acesso a informações e conhecimentos. Esse tipo de negócio é conhecido como *e-learning*, ou seja, educação a distância com o uso dos recursos da internet.

Além dos serviços citados, produtos foram criados para abranger as novas tecnologias da informação e da comunicação, como os *e-books*. Algumas editoras publicam livros, jornais e revistas no meio digital, deixando-os disponíveis na internet para acesso dos usuários mediante cadastro e pagamento nos sistemas virtuais.

As gravadoras foram afetadas diretamente pelo *e-business*. Cada vez mais encontramos sites que comercializam músicas diversas, nos quais o usuário pode escolher apenas a música que deseja comprar, sem necessitar adquirir o álbum completo.

Outros setores afetados pela internet são:

» Fábricas de brinquedos: passaram a ter como concorrentes os jogos da internet e os videogames.

» Empresas em geral que requerem mão de obra: muitas empresas estão liberando os funcionários para trabalhar em casa, favorecendo o teletrabalho.

» Cirurgia médica: já existem centros cirúrgicos aparelhados com robôs; os médicos passam coordenadas a distância sobre os procedimentos a serem executados pelos médicos que estão com os pacientes. Muitas clínicas radiológicas possuem sistemas de análise de exames e geração de laudos a distância.

» Agências de emprego: as pessoas cadastram-se em empresas de recrutamento e seleção em busca de novas oportunidades, serviço também disponibilizado pela internet.

» Revelação de fotos: com as máquinas digitais, o processo de revelação de fotos foi modificado. É possível escolher quais devem ser impressas.

» Videolocadoras: foram afetadas pela concorrência dos sistemas de televisão a cabo e da internet, que possibilita a aquisição de DVDs e filmes.

» Agências de publicidade: as empresas utilizam cada vez mais a internet como meio de divulgação de seus serviços, seja por meio de sites, blogs ou redes sociais, evitando gastos com as mídias tradicionais impressas e televisivas.

» Agências de turismo: assim como as companhias aéreas e de transporte rodoviário, as agências de turismo comercializam pacotes e serviços de viagem pela internet.

» Corretores de imóveis: na internet, há vários sites especializados na comercialização de apartamentos, terrenos, casas, escritórios e outros empreendimentos imobiliários.

Perceba como são inúmeras as oportunidades de negócio pela internet. Que outros serviços, além dos citados, você utiliza na internet? Quais serviços você acredita que a internet poderia oferecer?

Já pensou em empreender algo pela internet? Trata-se de uma ótima oportunidade, pois o ciberespaço permite a implantação de novos e diferentes negócios; basta ter criatividade.

2.3.1 Diferenças entre o mundo virtual e o mundo real

Estamos acostumados a fazer negócios pessoalmente. Quando compramos algo em uma loja, costumamos pegar o produto, sentir como ele é. Esse é o mundo real. Já no mundo virtual, típico das redes digitais, não pegamos o produto, apenas vemos e imaginamos como ele seria em uma situação real.

O mundo virtual concorre com o real, mas eles possuem várias diferenças. Conforme Mattos (2005), as principais são:

Tabela 2.1 – Diferenças entre os mundos real e virtual

Mundo real	Mundo virtual
Privacidade	
Você conhece a pessoa conversando com ela ao vivo.	Você só se revela se desejar; caso contrário, pode criar uma simulação inventando um nickname (apelido).
Comportamento	
Geralmente você só fala com pessoas conhecidas.	Você se comporta como quiser e conversa com pessoas estranhas.
Legislação	
Em geral, já existem leis para todos os segmentos e problemas da sociedade.	As leis ainda estão em adaptação para a realidade virtual.
Fronteiras geográficas	
Você só entra em um país se tiver autorização.	Você, em um clique, pode mudar de país instantaneamente.
Tempo	
Existe horário para tudo que fazemos: ir para a escola, para a aula de música, para o médico etc.	Está disponível 24 horas durante todos os dias, não existe "parada".
Simultaneidade	
Você só consegue estar em um local de cada vez.	Você pode estar em vários locais ao mesmo tempo.

De que outras maneiras a internet ainda contribuirá com o mundo dos negócios? Não é possível imaginar, pois são inúmeras as possibilidades. O que podemos afirmar é que não existe recuo nesse processo, mas uma evolução gradativa influenciada por cada um de nós. É preciso estar atento e aproveitar para empreender novas ideias a fim de beneficiar-se dessa evolução, favorecendo cada vez mais a melhoria da qualidade de vida de todos.

Há quem diga que as tecnologias, no caso da informação e da comunicação, não são benéficas para a humanidade. No entanto, é a finalidade de uso de qualquer tecnologia que determina o tipo de influência que ela exerce sobre a sociedade. Se utilizada para o bem, certamente diremos que é ótima. Se prejudicar as pessoas, diremos que é ruim. Por isso, é necessário adquirir conhecimentos por meio de uma educação de qualidade.

Vamos recapitular?

Vimos neste capítulo que a Era Digital é uma decorrência do desenvolvimento da própria humanidade e que ela está disponível para que possamos promover um novo espaço para a aprendizagem e para a geração de negócios.

Aprendeu também que, apesar de seu grande avanço na sociedade como um todo, a educação ainda engatinha nesta nova oportunidade. Para que essa incorporação seja efetuada de uma forma mais rápida e comprometida, é necessário que administradores escolares e professores se articulem para constituírem um novo currículo e o uso de novos instrumentos pedagógicos disponíveis na internet.

Além disso, vimos que este novo espaço oriundo da Era Digital recebe inúmeras denominações, tais como: infovia, rede das redes dos computadores e ciberespaço. Ao nos referirmos a eles, estamos falando de todas as interconexões da internet.

Agora é com você!

1) Na sua opinião, o que os administradores escolares deveriam fazer pelas escolas para que elas se posicionem na Era Digital?

2) Como as escolas estão incorporando as novas tecnologias da informação? O que elas podem fazer para se tornarem mais adequadas ao contexto social em relação à tecnologia da informação?

3) Qual deve ser o perfil dos professores diante desse novo contexto? O que eles precisam incorporar na sua prática pedagógica?

4) Com base na sua realidade cotidiana, identifique cinco negócios que foram afetados pela internet e, em seguida, explique quais foram essas mudanças.

3

Entendendo a Internet e Seus Recursos para Uso em Projetos Educacionais

Para começar

Este capítulo tem por objetivo apresentar um breve histórico dos principais momentos da internet, explicar o funcionamento desta rede de computadores, apresentar seus principais recursos que podem ser utilizados para fins educacionais, tais como a WWW, o FTP, os tipos de comunicação síncrona e assíncrona, os bate-papos (chats), o correio eletrônico, as listas de discussão, os fóruns, as comunidades virtuais, os ambientes de aprendizagem e as redes sociais. Em seguida, apresentaremos as principais regras para nos relacionarmos neste ambiente, as netiquetas (etiquetas para o mundo virtual).

3.1 Um breve histórico dos principais momentos da internet

O mundo em que vivemos hoje, com alto avanço tecnológico no qual prevalecem a microeletrônica e as telecomunicações, com computadores interligados à internet, conforme comentamos nos capítulos anteriores, é recente. Tudo começou no século XX e ainda não sabemos todas as suas possibilidades e seus desenlaces.

Os primeiros computadores eram muito diferentes dos existentes hoje. Eram enormes, chegando a ocupar andares inteiros de um prédio. A capacidade dessas máquinas não era medida em bytes e sim em metros quadrados.

Só depois de algum tempo é que surgiu a internet, que inicialmente era de uso restrito, apenas do governo norte-americano. Veja a seguir os principais momentos dessa história.

A internet surgiu em plena guerra fria. Na década de 1950, o governo norte-americano criou a ARPA (*Advanced Research Projects Agency*) com a missão de pesquisar e desenvolver alta tecnologia para as forças armadas. Na década de 1960, surgiu a rede ARPAnet, o primeiro sinal do que viria a ser a internet de hoje. O objetivo era interligar os principais centros militares norte-americanos, de uma maneira tal que a comunicação fosse rápida, eficiente, não dependesse de um comando central e não fosse destruída caso algum de seus pontos fosse atingido.

Na década de 1970, as universidades começaram a se conectar nessa rede, mudando o objetivo militar para um objetivo acadêmico. Foi efetuada a primeira conexão internacional entre a Inglaterra, a Noruega e os Estados Unidos por meio de cabos, rádios e satélites.

A grande rede foi se desenvolvendo. Em 1974, 62 computadores já estavam conectados, mas era necessário aperfeiçoar o protocolo de comunicação da ARPAnet (que podia prestar serviço apenas a 256 máquinas). Criou-se, então, o protocolo TCP/IP (*Transmission Control Protocol/Internet Protocol*), capaz de oferecer 4 bilhões de endereços e que é usado até hoje. Esse protocolo possibilita a comunicação entre os diferentes tipos de computador na internet, independentemente da plataforma utilizada.

A grande rede só foi crescer mesmo na década de 1980 e, principalmente, na década de 1990, quando passou a ser comercializada por empresas e grandes corporações.

No Brasil, a internet só chegou em 1992, por intermédio da Rede Nacional de Pesquisa (RNP), interligando as principais universidades e centros de pesquisa do país, além de algumas organizações não governamentais, e só em 1995 foi liberado o uso comercial da internet no Brasil.

No segmento da educação, desde 2007, a internet vem sendo utilizada com bastante intensidade no ensino fundamental, com projetos que são publicados em sites educacionais, interligando alunos de várias séries escolares, bem como alunos de diferentes escolas. Cada vez mais se percebe a utilização de sites para tornar os espaços escolares virtuais, criando-se ambientes de controle acadêmico para acompanhamento das notas, frequências e informes gerais por parte dos pais, entre outros serviços.

No ensino superior, várias instituições já utilizam ambientes virtuais de aprendizagem para promover momentos de complementação pedagógica semipresenciais como uma forma de inclusão digital e social para seus alunos e como forma de dinamizar o processo de ensino-aprendizagem.

No âmbito empresarial, a internet vem ganhando cada vez mais espaço como uma grande oportunidade de geração de negócios e ampliação dos já existentes. Transações bancárias, compras diversas, pesquisas de preços, conhecimento de rotas turísticas, acompanhamento das fases de uma logística empresarial são apenas alguns dos exemplos de uso da internet nos negócios.

Veja no Quadro 3.1 a linha do tempo destes principais momentos.

Quadro 3.1 – Linha do tempo da internet

Ano	Acontecimentos
Anos 60	Cientistas pesquisam técnicas de conexões compartilhadas.
1969	Implantação dos primeiros quatro pontos da ARPANET: UCLA, Universidade da Califórnia, Universidade de Utah e Instituto de Pesquisa de Stanford. A partir da ARPAnet, várias outras redes surgiram, tais como MILNET, BITNET, NSFNET.
1981	A CSNET oferece serviço de discagem para e-mail.
1982	O protocolo TCP/IP passa a ser utilizado na ARPANET.
1984	É instituído o sistema de DNS.
1988	Roberto Morris Jr. introduz um vírus na internet.
1994	Iniciam-se as transmissões de vídeos e áudio pela internet.
1995	Explosão da internet em todo o mundo.
Início de 2000	Internet acoplada à televisão. Comércio eletrônico via internet. Acesso à internet via telefonia celular. Videoconferência. Comunicação da internet por meio da voz. Aumento extensivo do uso da internet para realização de negócios, seja no âmbito empresarial, seja no âmbito acadêmico.

3.2 A rede das redes de computadores: a internet

A internet também é conhecida como a rede das redes de computadores, pois interliga as redes de todo o mundo, formando uma malha universal de computadores. Dizemos que existe uma rede de computadores quando temos mais de dois computadores interligados, comunicando-se, trocando e compartilhando informações.

As redes de computadores podem ser classificadas de duas formas:

» Redes locais: quando o raio de distância entre os computadores não ultrapassa dois a três quilômetros. Geralmente, são utilizadas dentro de empresas ou condomínios que possuem seus prédios localizados em um mesmo espaço físico. Essas redes possuem os computadores interligados entre si a partir de cabos especializados, tais como coaxial, de par trançado ou de fibra óptica.

Veja como é o desenho desse tipo de rede:

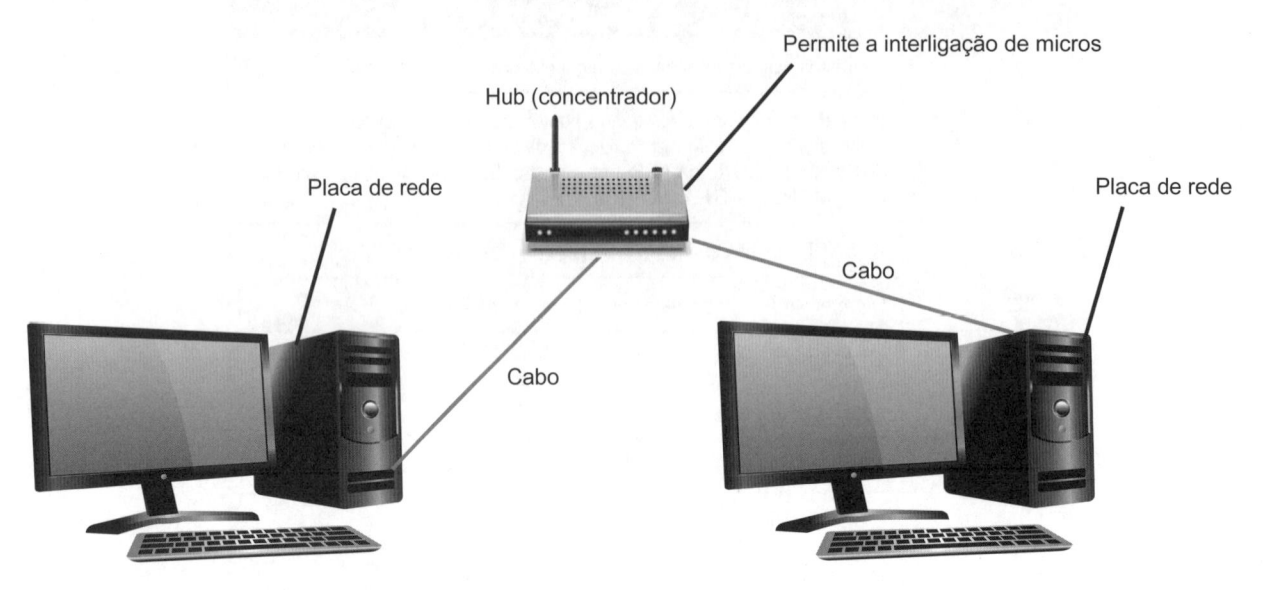

Figura 3.1 – Modelo de uma rede local.

» Redes remotas: são as interligações de computadores que estão distantes mais de três quilômetros. Essas redes utilizam fibras ópticas para interligar os computadores. Um exemplo de rede remota é a internet.

A internet se diferencia bastante das redes locais. Suas principais características que a tornam tão diferenciada são:

» não possui um dono e não pertence a nenhum governo;
» a organização da internet é desenvolvida a partir dos administradores das redes que a compõem e dos próprios usuários;
» a internet não é controlada por ninguém, porém cada vez mais existem movimentos que estimulam o controle de sites que publicam conteúdos pornográficos, racistas e outros que contenham algo relacionado a posições preconceituosas;
» mesmo que um computador esteja desligado ou quebrado, a internet continua funcionando;
» computadores com diferentes configurações de hardware e software conseguem se comunicar.

Amplie seus conhecimentos

Apesar de a internet ter como uma das suas principais características a anarquia por não ter um dono, por ter conteúdo publicado livremente, cada vez mais a ciência jurídica vem instituindo leis que são aplicáveis a este ambiente digital. Questões como comercialização, direitos autorais, privacidade, fraudes em geral, dentre outros já são afetados por essas leis. Entende-se que os ambientes virtuais devem ter seu funcionamento controlado legalmente da mesma forma que os demais ambientes para os quais já existem leis em pleno funcionamento. Quer conhecer mais sobre essas leis? Entre no site Internet Legal – O Direito na Tecnologia da Informação <http://www.internetlegal.com.br/>.

3.3 Tipos de conexões com a internet

Quanto às formas de conexão com a internet, podemos classificá-las em acesso discado e dedicado.

» Acesso discado: a conexão é realizada a partir de uma linha telefônica doméstica. Também é chamada de *dial-up*. É uma conexão muito lenta.

» Acesso dedicado: não utiliza linha telefônica; podem ser utilizadas LPs (linha privada de dados), ondas de rádio, *frame relay*, feixes de laser (fotônica) ou satélites que conectam uma rede de computadores diretamente ao provedor. Possui alta velocidade de acesso à internet. Para esse tipo de conexão são necessários:

   » um roteador: equipamento que seleciona a rota para encaminhamento das comunicações entre os computadores da rede;
   » uma linha de dados de alta velocidade: obtida a partir da contratação desse serviço diretamente com a empresa de telefonia.

Esse tipo de conexão é bastante encontrado nas empresas, condomínios e escolas. Não necessita de *modem*; requer apenas uma placa de rede que faz a conexão. No momento, também já são utilizadas conexões por meio de ondas magnéticas oriundas de rádios.

Outra modalidade de acesso à internet que vem crescendo é aquela que utiliza redes locais sem fio, conhecidas como Wi-Fi. Essa modalidade de acesso à internet é muito utilizada em locais públicos como shoppings, cafés, aeroportos, hotéis etc.

A Wi-Fi permite a comunicação entre os computadores por meio de frequência de rádio ou infravermelho. Para acessá-la basta a pessoa estar com algum equipamento (celular, tablet, computador) na área de abrangênca dessa rede e ter o código de acesso a ela. Wi-Fi não significa rede gratuita, significa apenas rede sem fios/cabos. Em muitos lugares, para conseguir acessá-la é necessário ter o código de acesso.

3.4 Principais recursos da internet

Neste tópico, abordaremos os conceitos dos principais recursos da internet, tais como: WWW, FTP, modalidades de comunicação, o chat/bate-papo, o correio eletrônico, a lista de discussão, os fóruns, as comunidades virtuais, os ambientes de aprendizagem, as redes sociais e as principais regras de etiqueta para a utilização desses recursos.

Nos capítulos seguintes, mostraremos como tais recursos podem ser utilizados para finalidades educacionais e outras.

3.4.1 A WWW: links, hipertexto e hipermídia

A WWW (World Wide Web) é uma grande teia que interliga várias mídias (textos, imagens, animações, sons e vídeos) simultaneamente, formando um imenso hipertexto. Para acessar a WWW, é necessário possuir um programa de navegação, conhecido como browser. Entre os mais conhecidos temos Firefox, Chrome, Safari e Internet Explorer.

A Figura 3.2 apresenta uma página da WWW.

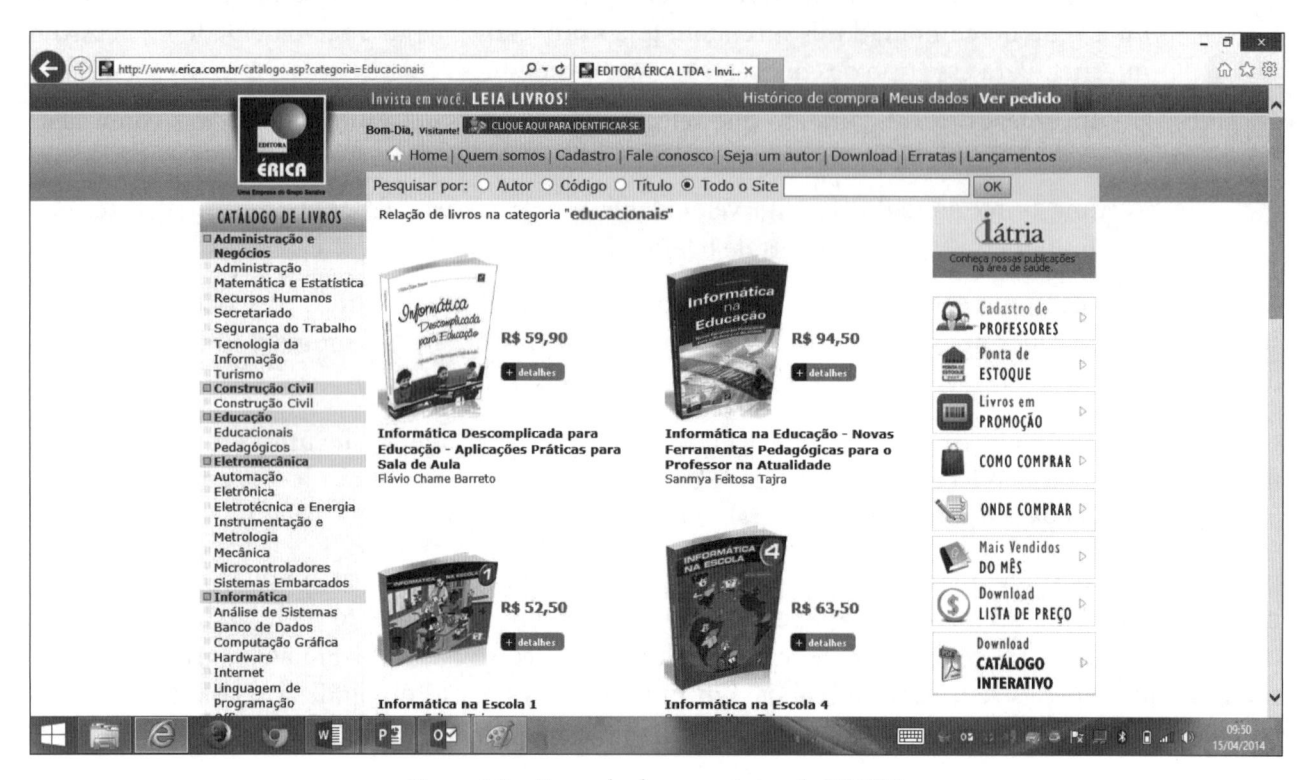

Figura 3.2 – Exemplo de uma página da WWW.

Com os botões disponíveis nesse programa é possível efetuar uma verdadeira viagem em várias partes do mundo e pesquisar sobre os diversos assuntos educacionais, conforme orientações dos temas geradores dos trabalhos. Além de viajarmos, ainda é possível gravar os endereços das principais páginas e imprimi-las para, posteriormente, podermos retornar às análises sobre elas.

As páginas da WWW podem ser utilizadas como fonte de pesquisa para trabalhos escolares, mas lembre-se de que na internet também impera a Lei dos Direitos Autorais, portanto, não se esqueça de mencionar a sua fonte de pesquisa.

As páginas da WWW possuem endereços, que são conhecidos como URL (*Uniform Resource Locator*), compostos da seguinte forma:

```
                Computador a ser
                   conectado
                        
   http://    www.iconet.com.br    / sanmya
      ↓               ↓                ↓
   Método de                       Pasta dentro
 leitura da página                 do computador
                                     conectado
```

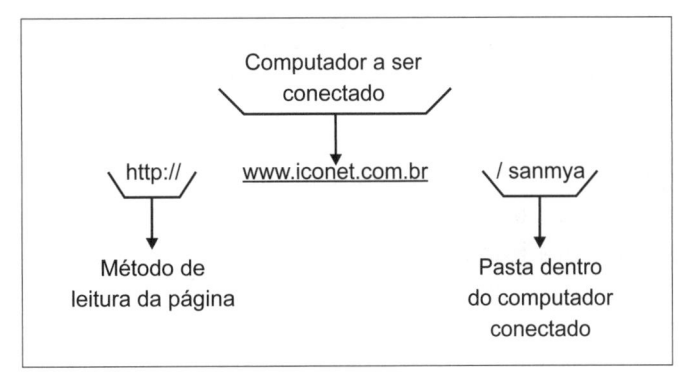

Figura 3.3 – Estrutura de um endereço da internet.

» HTTP//: é método de leitura da página. Também existem outros métodos, como o HTTPS e o FTP.

» Computador a ser conectado: também conhecido como DNS (*Domain Name System*) ou apenas domínio. Refere-se ao endereço propriamente dito do site. Geralmente, tem relação direta com o nome da empresa a que pertence o domínio.

» Pasta dentro do computador conectado: pastas em que são armazenadas as diferentes páginas de um site.

Inicialmente, a internet tinha como ganho a possibilidade de interligar vários usuários por meio do correio eletrônico, mas a partir da década de 1980 foi possível visualizar imagens gráficas na grande rede. Essa inovação ocorreu em função dos recursos da WWW, que permitiu também a "navegação" entre os computadores e páginas de todo o mundo, além da ampliação das vivências virtuais no lugar das vivências analógicas e presenciais. Inicialmente, vamos abordar essas vivências e, posteriormente, voltaremos a mencionar o significado da navegação na internet.

As pessoas comumente dizem que navegam na internet. Essa maneira de falar é ainda estranha para muitas pessoas que continuam com a visão de paradigmas presenciais e analógicos, mas totalmente possível se transferirmos as concepções para as digitais.

Imaginar uma série de sinais digitais transmitindo mensagens em velocidades cada vez maiores e nos vermos como possíveis seres que circulam por vários lugares simultâneos, transcendendo barreiras físicas e geográficas, pode ainda parecer cenas de um filme de ficção, mas é pura realidade. Várias pessoas em diferentes situações já convivem com essa realidade.

Transferir situações analógicas para digitais significa deixar de estar presente fisicamente para realizar determinadas tarefas. Por exemplo, para efetuar pagamentos, não necessitamos ir até o banco; para fazer compras no mercado, não necessitamos passar horas escolhendo os produtos e pegar filas; para fazer cursos, não necessitamos nos deslocar até a escola.

Uma situação analógica prevê necessariamente a presença física das pessoas envolvidas no processo. É preciso estar no local do acontecimento. As situações digitais não necessitam das pessoas disponíveis nos locais ou mesmo no momento em que o processo está ocorrendo. Tais conceitos são necessários para que possamos visualizar essas possibilidades e transferi-las para as situações de cotidiano no trabalho e nas atividades pessoais.

Partindo da concepção anterior em relação às situações analógicas e digitais, podemos iniciar uma comparação entre as atividades desenvolvidas em sala de aula presencial a partir da utilização dos recursos disponíveis na internet.

Por fim, imagine que você programou com seus alunos uma pesquisa de preço para a compra de cestas básicas. Um dos percursos analógicos para o desenvolvimento da pesquisa pode ser a ida a vários mercados para localizar preços mais acessíveis. Imagine a realização dessa mesma atividade com percurso digital. Bastaria localizar endereços das páginas dos mercados na internet e realizar a pesquisa de preços nas próprias páginas, não sendo necessário o deslocamento dos alunos até os mercados.

Retornando à análise do termo "navegar", ele faz lembrar as grandes navegações que os antigos colonizadores utilizavam para descobrir novos continentes. Os comandantes conduziam suas caravelas, assim como hoje nos conduzimos pelos "mares" que queremos visitar. A navegação na internet pressupõe uma atitude ativa do usuário, que define o caminho que quiser navegar, pois não existe rota predeterminada. Podemos chegar a um mesmo local por diferentes caminhos.

A INTERNET NÃO TEM COMEÇO NEM FIM

Figura 3.4 – A internet não tem um "começo" e nem um "fim".

Fique de olho!

O serviço da internet que permite navegar é a WWW (World Wide Web). Alguns a denominaram de teia global. Navegar na internet significa visitar páginas, clicar nos links.

Links são os pontos que interligam as páginas, também conhecidos como "*nós*". Por meio deles, conseguimos navegar na internet. Sempre que o ponteiro do mouse se transforma em uma mão, significa que na página em que navegamos há um link.

A WWW funciona como uma verdadeira teia de aranha. Tudo está interligado, e ainda que você quebre um pedaço dessa teia, ela continua existindo.

Pela WWW todos os computadores se interligam, formando um hipertexto universal.

Hipertexto é o conjunto de vários *links* interligados. É como a internet interliga computadores de todo mundo, por isso dizemos que a WWW forma um hipertexto universal.

Alguns autores distinguem o termo hipertexto de hipermídia. Acompanhe as definições:

» Hipertexto: navegação somente a partir de textos.
» Hipermídia: navegação a partir de textos e imagens.

Atualmente, o termo hipertexto é considerado sinônimo de hipermídia.

A WWW é formada por várias páginas.

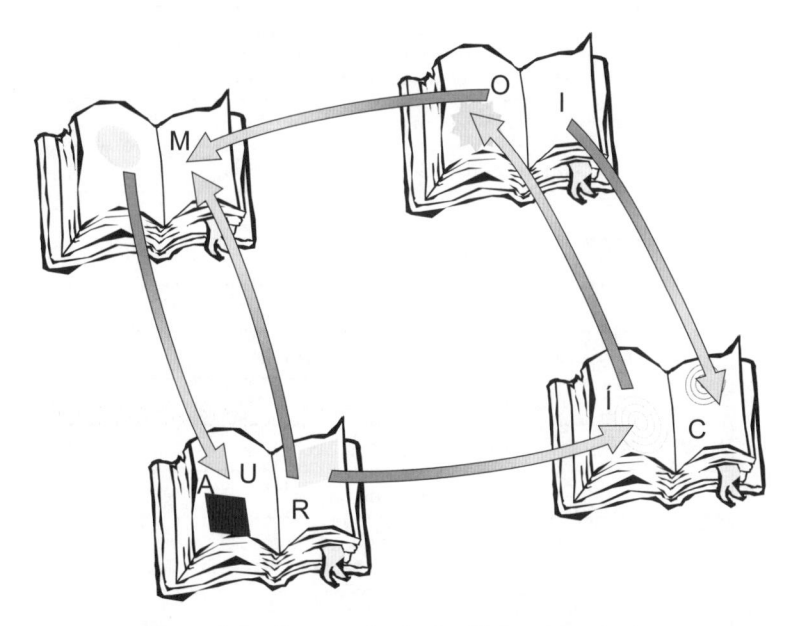

Figura 3.5 – Representação dos links e hipertexto.

O conteúdo de uma página publicada na internet é semelhante à figura apresentada. Cada página na internet está interligada a uma ou várias outras páginas nas quais encontramos muitas imagens, textos, vídeos e sons. Elas são bastante dinâmicas.

3.4.2 FTP: protocolo de transferência de arquivos

O FTP (*File Tansfer Protocol*) é o serviço que possibilita o envio (upload) e o recebimento (download) de arquivos pela internet. Por meio do FTP é possível copiar os programas disponibilizados na internet. Com a grande evolução dos browsers, na maioria das vezes, a captura de arquivos já é possível a partir da própria WWW. Basta que o usuário clique no arquivo e, em seguida, informe em qual diretório ficará armazenado o arquivo a ser recebido.

Veja em seguida alguns endereços de sites que disponibilizam programas que são obtidos a partir do FTP.

Quadro 3.2 – Endereços de sites com softwares para download, jogos e atividades em geral

http://www.alzirazulmira.com/links.html
http://www.atividadeseducativas.com.br/
http://br.barbie.com/
http://www.baixaki.com.br/
http://www.brincandonarede.com.br/
http://www.canalkids.com.br/portal/index.php
http://www.cambito.com.br/jogos.htm
http://criancas.uol.com.br/
http://www.duende.com.br/Duende.html
http://iguinho.ig.com.br/
http://www.kidsfreeware.com
http://jogoseducativos.jogosja.com/
http://www.jogospedagogicos.cjb.net/
http://www.monica.com.br/index.htm
http://www.mingaudigital.com.br/
http://www.ojogos.com.br/
http://www.planetinha.com.br/
http://www.qdivertido.com.br/
http://recreionline.abril.com.br/
http://senninha.lobo.com/

Os serviços de FTP – enviar e receber arquivos – também ocorrem a partir da utilização dos programas de correio eletrônico, conforme a tela seguinte. Observe que algumas mensagens são precedidas do desenho de um clipe. Essas mensagens possuem arquivos "anexados", ou seja, os remetentes dessas mensagens enviaram arquivos que ficaram armazenados no computador de destino.

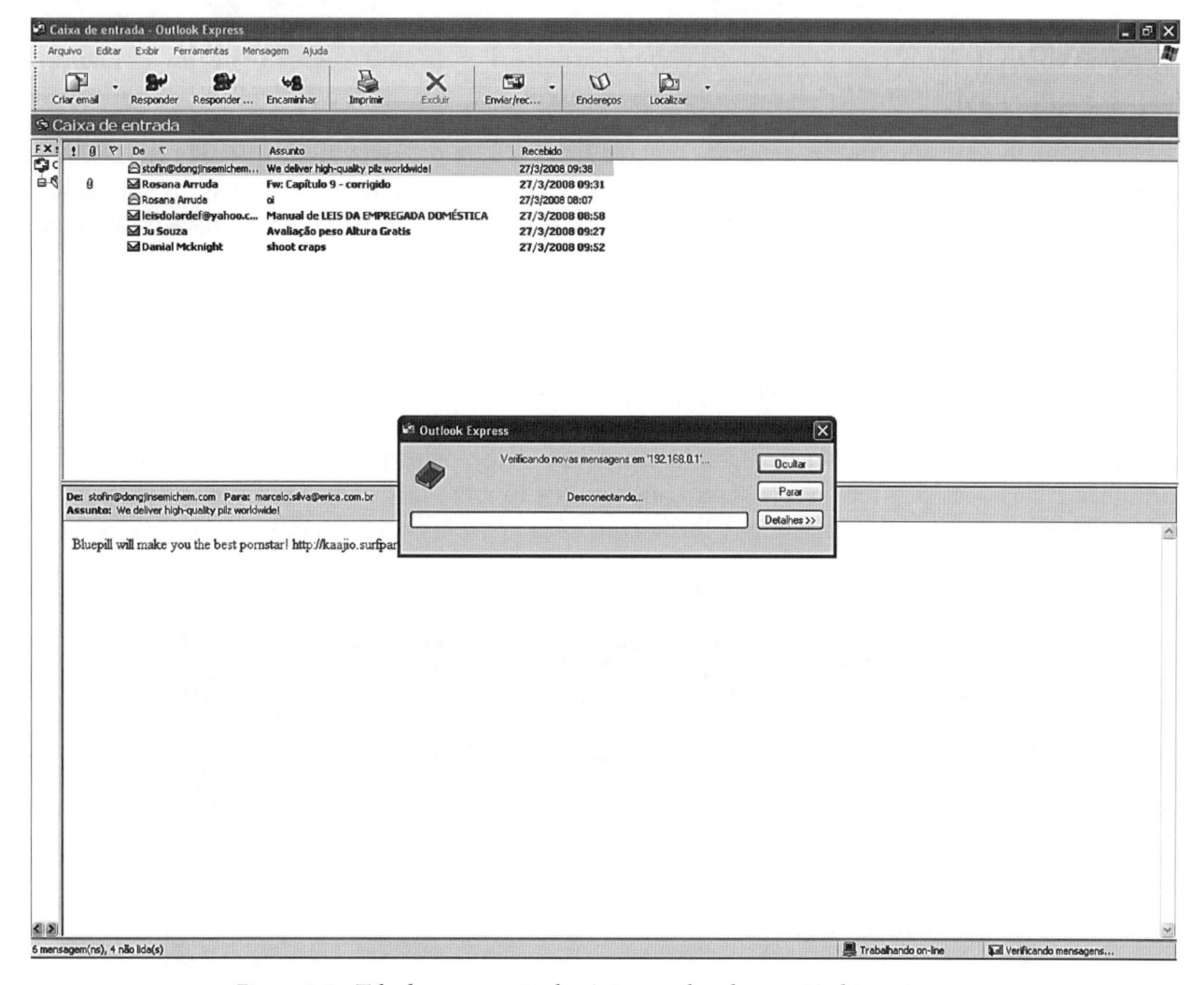

Figura 3.6 – Tela de um correio eletrônico recebendo e enviando mensagens.

3.4.3 Modalidades de comunicação na internet

Comunicar-se nunca foi tão fácil, rápido e barato. Os serviços da internet mais utilizados são os de comunicação. Existem dois tipos de comunicação na internet:

» Síncrona: é a comunicação que só ocorre se existirem dois ou mais usuários interligados à internet no mesmo momento. Exemplo: os chats (bate-papo). Um exemplo de comunicação síncrona que estamos habituados a utilizar no dia a dia é o telefone, pois só conseguimos utilizá-lo adequadamente quando há outra pessoa para atendê-lo. Quando usamos o telefone e deixamos uma mensagem na secretária eletrônica, fazemos uma comunicação assíncrona.

» Assíncrona: é a comunicação que ocorre mesmo quando um dos computadores está desligado. Ao enviarmos uma mensagem, não é necessário que o destinatário esteja naquele momento com o computador conectado à internet. Exemplo: correio eletrônico, listas de discussão, fóruns.

Para o desenvolvimento de atividades educacionais, o mais fácil é utilizar os recursos de comunicação assíncronos, pois não é necessário que os participantes da comunicação estejam acessando a internet no mesmo instante.

Os e-mails têm sido um dos recursos mais utilizados para o desenvolvimento de projetos entre escolas ou mesmo entre os alunos de uma escola. Posteriormente, vamos apresentar algumas ideias para a elaboração de atividades com o uso dos recursos de comunicação em ambientes educacionais.

3.4.3.1 Chat ou bate-papo: uma forma dinâmica de se comunicar

Chat (bate-papo) é uma das maneiras de efetuar comunicação na internet. Ela ocorre de forma instantânea entre o emissor e o receptor. É necessário que no momento de utilização desse serviço as pessoas interessadas em se comunicar estejam simultaneamente acessando a internet e na mesma sala de chat (bate-papo). Esse serviço, geralmente, é oferecido pelos provedores de internet que disponibilizam nas suas páginas várias salas com temas diversos, tais como: esporte, paquera, sexo, mais de trinta etc. Essas salas variam de acordo com cada provedor ou prestador desse serviço.

A Figura 3.7 mostra a tela de uma sala de chat.

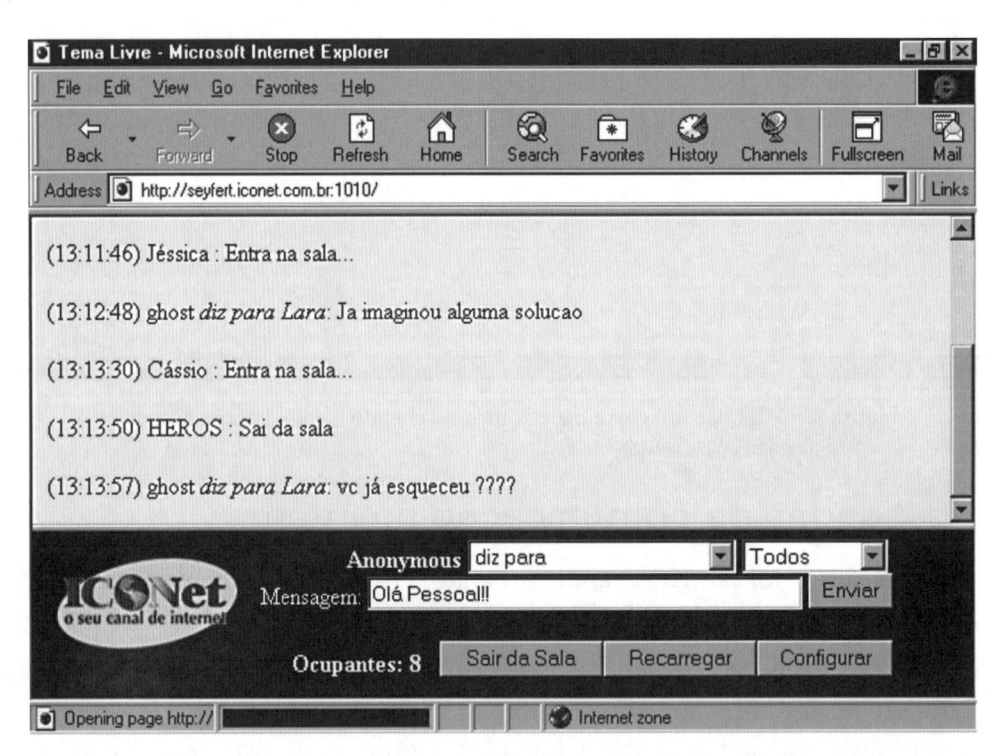

Figura 3.7 – Representação de uma tela de sala de chat na WWW.

Por intermédio das salas de chat é possível promover discussões sobre um tema a ser trabalhado em tempo real com escolas de qualquer região ou país. Para isso, será necessário apenas que você agende previamente o horário dessa discussão com outra escola.

Além das salas de chat disponíveis na WWW, existem programas específicos para bate-papo, como o Skype, bastante utilizado em todo o mundo.

O Skype tem como grande vantagem a visualização das pessoas que estão on-line, o que facilita a comunicação, além de o usuário ter o poder de decidir quem pode e quem não pode se comunicar com ele. A qualquer momento é possível bloquear o contato com usuários com os quais você não está interessado em manter comunicação. Já imaginou, durante sua aula num ambiente de informática, o computador começar a "tocar", chamando-o para um "papo" com outra escola que está fisicamente longe de você? Com certeza é uma total mudança de paradigma quanto à forma de ministrar uma aula. É a escola aberta, indo além da fronteira dos seus muros.

A vantagem do Skype sobre o chat da WWW é que ele permite uma comunicação mais rápida e os usuários podem acessar vários canais simultaneamente.

O Skype, além de permitir que você "bata um papo" com várias pessoas simultaneamente, contém serviços de e-mail, de chat por voz, de envio de sugestões de páginas WWW. Quando o Skype está ativos em sua máquina, a qualquer momento, as pessoas que estão cadastradas podem entrar em contato com você por meio de uma sinalização sonora no seu computador.

Por exemplo, você está usando o editor de texto e, de repente, um amigo acessa o programa do computador da casa dele e vê que você está com a internet e com a ferramenta ativa. Ele pode chamá-lo para um bate-papo ou simplesmente lhe enviar uma mensagem por e-mail e logo você pode fazer contato com ele.

Por outro lado, os alunos e professores precisam ficar atentos às mensagens que são enviadas por meio desse tipo de serviço, pois no caso de uso de salas de chat não sabemos quem são as pessoas que estão do outro lado, a não ser que o chat que esteja sendo utilizado seja restrito a algum grupo específico, não havendo o risco de entrar estranhos. Caso o site não seja de uso restrito, evite dar informações pessoais, como endereço, telefone, nome completo, CPF etc.

Atualmente, também é muito utilizado o comunicador do Facebook, que possui as mesmas características do Skype, porém para acessá-lo é necessário estar no ambiente desta rede social.

3.4.3.2 Correio eletrônico

É o serviço mais utilizado na internet. Ele funciona semelhante a um correio convencional, em que o emissor (remetente) define o endereço do receptor (destinatário), escreve a carta e a envia pelo correio e, após alguns dias, o receptor pode acessá-la (lê-la). O correio eletrônico também utiliza os dados do emissor e do receptor. Ele funciona da seguinte forma: assim que o emissor envia a correspondência, no mesmo momento o receptor pode recebê-la independentemente do dia, da hora e do lugar. A mensagem será recebida mesmo que o computador do receptor esteja desligado. O correio eletrônico é mais rápido e tem um custo menor que o correio convencional.

Os programas mais conhecidos de correio eletrônico são o Outlook e os Webmails oferecidos pelas provedoras de serviços de internet.

De uma forma geral, o formato de uma correspondência eletrônica possui os seguintes campos:

- » From: (endereço do remetente);
- » To: (endereço do destinatário);
- » Subject: (título do assunto da mensagem a ser enviada);
- » CC: (endereço para ser enviada a cópia carbono);
- » CCO: (endereço para ser enviada a cópia carbono oculto);
- » Attach: (arquivo que segue anexo à mensagem);
- » Message: (espaço para a redação da mensagem a ser enviada).

O formato de uma tela de correio eletrônico pode variar de acordo com o programa utilizado e a sua versão.

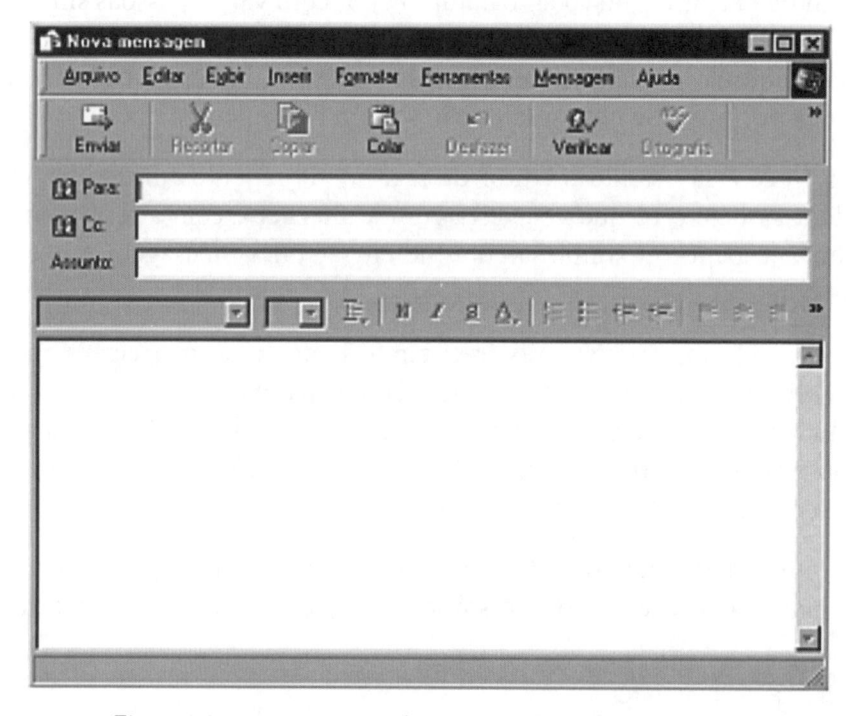

Figura 3.8 – Representação de uma tela de correio eletrônico.

Ao utilizar um serviço de correio eletrônico, é importante também ficar atento às regras de boas maneiras, as netiquetas. Em se tratando de comunicações, é importante lembrar que:

- » é muito comum o uso de abreviaturas, como vc (você), tb (também), eh (é);
- » evite utilizar letras maiúsculas, pois isso significa que você está gritando;
- » caso necessite expressar alguma emoção, recorra aos emoticons icons;
- » essas netiquetas também são utilizadas na comunicação via sala de chat (bate-papo).

Fique de olho!

No final deste capítulo, apresentaremos um tópico específico sobre as netiquetas. Assim você aprenderá melhor a conviver e se comunicar neste novo espaço do saber.

Os endereços eletrônicos dos usuários da internet são conhecidos como e-mail e são compostos da seguinte forma:

sanmya@provedor.com.br

Os endereços eletrônicos são obtidos no momento em que nos inscrevemos na internet; eles são emitidos pelos provedores de serviços de internet.

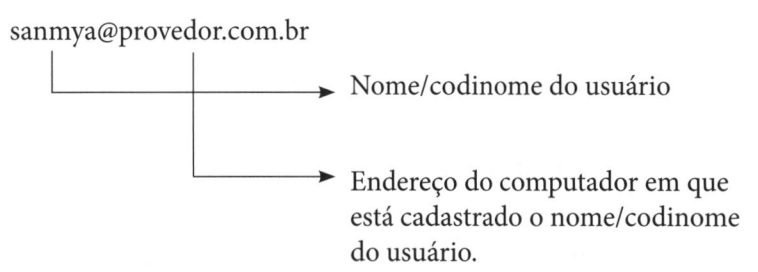

→ Nome/codinome do usuário

→ Endereço do computador em que está cadastrado o nome/codinome do usuário.

A leitura do e-mail é efetuada da seguinte forma: "*sanmya arroba provedor ponto com ponto br*".

Saiba como identificar outros endereços de correio eletrônico:

Quadro 3.3 – Identificação das organizações nos endereços da internet

Código	Tipo de organização
net	Empresa de suporte de rede
org	Outras organizações
mil	Militar
gov	Governo, não militar
edu	Instituição educacional ou de pesquisa
com	Entidades comerciais

Quadro 3.4 – Identificação dos países nos endereços da internet

Códigos	Países
au	Austrália
br	Brasil
ca	Canadá
es	Espanha
fr	França
it	Itália
jp	Japão
pt	Portugal

Para distinguir um endereço de e-mail de um endereço de site é muito simples. No endereço de e-mail existe sempre @ (arroba) separando o nome de usuário do DNS. O endereço de um site começa com http://, https//: ou com ftp://.

O envio de mensagens pelo correio eletrônico ocorre das seguintes formas:

» Um usuário para outro usuário: quando você enviar uma mensagem para apenas outro usuário.

Um para um.

» Um usuário para vários usuários: quando você envia, simultaneamente, uma mensagem para várias outras pessoas.

Um para vários.

» Um usuário para uma lista de discussão: quando você envia uma mensagem para as demais pessoas que estão cadastradas numa lista de discussão e essas pessoas podem reenviar mensagens para todas as outras. Posteriormente, apresentaremos os recursos de uma lista de discussão.

Todos para todos.

Vale ressaltar que a informática, além de agilizar e racionalizar as diversas atividades realizadas pelo homem, modifica a forma de comunicação e de linguagem na sociedade. Atualmente, encontramos em revistas, jornais e livros palavras da era digital, as quais se tornam cada vez mais usuais e incorporadas ao nosso linguajar, deixando de ter seu uso restrito aos especialistas da área de informática.

Ao digitar o endereço eletrônico, deve-se fazê-lo da forma como ele se apresenta: com letras minúsculas, se for o caso, sem acrescentar espaços entre as palavras.

3.4.3.3 Lista de discussão

A lista de discussão funciona de forma semelhante ao correio eletrônico. A diferença é que as pessoas inscritas na lista são as emissoras e receptoras simultaneamente e a comunicação é coletiva. As listas são montadas por pessoas/empresas/entidades que têm interesse de agrupar indivíduos com os mesmos objetivos sobre determinados assuntos.

Existem listas que reúnem pessoas da área médica, jurídica, educacional etc. Por meio da navegação pela WWW, é possível encontrar os mais variados tipos de lista conforme o interesse a ser discutido.

As listas de discussão funcionam da seguinte forma:

» Existe um usuário que é o administrador da lista, responsável por tirar dúvidas dos usuários quanto ao uso da lista.

» Ao enviar um e-mail para a lista, todos os usuários que estão cadastrados receberão aquela mensagem.

- » As mensagens enviadas para as listas devem ser de interesse coletivo. Não se enviam mensagens particulares pela lista, pois é considerado falta de "*netiqueta*".
- » Nas listas de discussão não circulam mensagens com letras maiúsculas, pois textos digitados em letras maiúsculas significam que as pessoas estão gritando.

As listas de discussão podem ser administradas de duas formas:

- » Moderadas: quando existe um administrador que controla todas as mensagens que circulam na lista.
- » Não moderadas: quando não existe um administrador que controle as mensagens que circulam na lista.

Ao montar um projeto educacional usando a internet como recurso didático, a lista de discussão torna-se um grande aliado para reunir de forma mais rápida e participativa todos os alunos e professores que estão integrados ao projeto. Portanto, ao enviar uma mensagem pela lista, todos os usuários que estão inscritos a receberão.

Para utilizar a lista de discussão num projeto educacional, é importante a criação de algumas regras, tais como:

- » Padronizar os tipos de mensagem a serem enviados pela lista. As mensagens de interesse particular devem ser evitadas nas listas de discussão. Apenas as mensagens de interesse coletivo devem ser enviadas.
- » Padronizar como devem ser mencionados os assuntos. Dessa forma, os usuários abrirão apenas as mensagens que são de interesse específico da escola. Quando as listas possuem muitos usuários inscritos, a falta desta regra torna-se um dos grandes complicadores, visto que passamos a receber inúmeras mensagens por dia, sendo quase impossível ler e responder a todas. A padronização dos ASSUNTOS facilita o filtro de mensagens que possam nos interessar ou não.
- » Padronizar o formato dos arquivos a serem enviados com os levantamentos dos trabalhos escolares, bem como especificar os programas que deverão ser usados pelo projeto. Por exemplo: uma escola utiliza o Word 2013; entretanto, outra escola ainda está com a versão do Word 97; esta última escola, ao receber os trabalhos da primeira, pode não conseguir acessá-los.
- » Padronizar o tamanho dos arquivos a serem enviados com o objetivo de facilitar seu envio e recebimento, pois em algumas localidades o acesso à internet ainda é lento.

Para se inscrever numa lista de discussão, geralmente você deve acompanhar os seguintes passos:

- » digite o endereço da lista no campo *TO* ou PARA;
- » deixe o *SUBJECT* ou ASSUNTO em branco;
- » escreva no campo de mensagem a palavra *SUBSCRIBE* (em alguns casos, é necessário escrever o nome da lista e o nome do usuário);

» em seguida, tecle *SEND* ou ENVIAR;

» pronto, agora basta aguardar a mensagem de "Boas-Vindas" da lista para começar a se comunicar com outras pessoas que estão cadastradas nela. Para ficar mais prático o envio dessas mensagens, basta dar um *REPLAY* (Responder ao Autor) a partir da mensagem recebida de "Boas-Vindas".

Como regra de boas maneiras no uso das listas, é comum que a primeira mensagem a ser enviada seja a sua apresentação, portanto coloque no SUBJECT ou ASSUNTO "Apresentação", apresente-se a todos e boa sorte!

3.4.3.4 Fórum

O fórum também é uma forma de comunicação assíncrona. Ele funciona da seguinte maneira: as pessoas definem um tema para discussão e abaixo do tópico do assunto a ser discutido ficam as respostas ou outras considerações sobre o tema.

A vantagem dos fóruns é que, posteriormente, qualquer membro envolvido na discussão pode acessar as mensagens dos outros participantes, pois todas as comunicações ocorridas por meio do fórum ficam publicadas. Também, em um dado momento, qualquer um dos membros que queira abrir uma nova discussão pode fazê-lo. Os fóruns ficam disponíveis em páginas da WWW.

3.4.4 Sistemas virtuais colaborativos e cooperativos

A internet oferece a oportunidade de recursos e ambientes que favorecem a colaboração e a cooperação entre as pessoas envolvidas num projeto, no estudo de um tema, ou em qualquer outra atividade em que a interação apareça como um dos elementos essenciais para o sucesso do projeto.

Estes elementos colaborativos e cooperativos são encontrados nas comunidades virtuais, nas redes sociais (Facebook, LinkedIn), nos blogs e até mesmo nos recursos do YouTube, MySpace, Instagram, dentre outros. A seguir, trataremos de cada um destes e apresentaremos suas contribuições para o desenvolvimento de projetos educacionais.

3.4.4.1 Comunidades virtuais

A palavra comunidade é oriunda do termo latim *communis*: pertencente a todos ou a muitos. O termo comunidade também tem o significado de associação; corporação de pessoas que têm vida comum; agremiação congreganista; qualidade do que é comum; o povo de um país; o lugar onde vivem pessoas agremiadas. Também encontramos a definição de comunidade como sendo "comunhão, identidade, uniformidade".

O termo "comunidades virtuais" foi inventado em 1993 por Howard Rheingold, que lhe deu o seguinte significado: "agregações sociais que surgem da internet quando pessoas suficientes mantêm suficientes debates públicos, com suficiente sentimento humano para formar teias de relacionamentos no ciberespaço".

Fagundes e suas colaboradoras (s.d.p.) acrescentam: "a construção de comunidades bem-sucedidas reúne pessoas que partilham interesses, mas os abordam de diferentes perspectivas ou com experiências diversas".

Estrázulas (1999) complementa:

> as comunidades virtuais são exatamente o protótipo de associações humanas num futuro próximo, é necessário refletir ainda sobre a relevância dessas participações para cada indivíduo e, em particular, sobre seus efeitos nos mecanismos das participações coletivas.

As comunidades virtuais podem ser extensões das comunidades presenciais, ou mais uma potencialidade de ser e poder ser das circunstâncias presenciais. Elas não excluem nem afastam os seres humanos; podem aumentar as interações, colaborações e cooperações entre as pessoas, mesmo que estejam geográfica e temporalmente afastadas. Elas quebram as fronteiras, ampliam as teias de acesso para que as pessoas se integrem.

Comunidade virtual pode ser entendida como um conjunto de pessoas disponíveis para interesses comuns, que não necessariamente estão presentes, mas podem estar em diferentes posições geográficas e temporárias.

Os computadores são os instrumentos que possibilitam a entrada no ciberespaço e, por consequência, nas comunidades virtuais. O compartilhamento ocorre de forma instantânea e interativa.

As comunidades virtuais proporcionam situações não uniformes, podendo ser conflitantes e divergentes ideologicamente, mas com interesses em comum, próximas para atingir os objetivos em comum. Os conflitos nas comunidades virtuais são elementos que enriquecem as interações, promovendo uma constante mutação e transformação, proporcionando suas relações heterogêneas nos sentidos da revisão contínua da hegemonia do poder, da autonomia, da iniciativa e dos próprios posicionamentos.

Portanto, podemos definir as comunidades virtuais como agrupamento de pessoas que utilizam um ambiente virtual com interesses em comum e mantêm suas conexões vivas, principalmente por meio das relações de interações, colaborações e cooperações que, consequentemente, proporcionam novas oportunidades para seus membros.

Elementos constitutivos de uma comunidade virtual

As comunidades virtuais estão presentes nas infovias, nas relações binárias que interligam boa parte de todos os países do planeta. Elas existem para o desenvolvimento de ações comuns para um determinado grupo de pessoas, que possui interesses e objetivos afins, seja para o desenvolvimento de pesquisas, estudos, intercâmbio de informações ou, simplesmente, para ampliar possibilidades de ações potenciais.

Os elementos que compõem uma comunidade virtual podem ser agrupados em quatro blocos interdependentes, que são: componentes físicos, componentes lógicos, componentes ideológicos e componentes humanos.

Componentes físicos

Os componentes físicos das comunidades virtuais são constituídos por todos os elementos físicos que as constituem, tais como o computador, o modem, a linha telefônica, os cabos e demais elementos de uma estrutura física que possibilite o acesso à rede de computadores. São os equipamentos que possibilitam a integração lógica, binária entre os participantes de uma comunidade virtual.

Componentes lógicos

Os componentes lógicos são as estruturas binárias, ou seja, toda e qualquer opção de software utilizado para o acesso, a comunicação, a pesquisa e a construção de novos saberes que estão disponíveis na internet.

São os programas utilizados para o acesso à internet, programas de correio eletrônico, de sala de bate-papo, de busca de informações, de desenvolvimento e publicação de home pages, blogs e redes sociais, bem como todos os demais que estiverem à disposição das comunidades virtuais.

Os componentes lógicos definem a estrutura do ambiente, local virtual, em que ocorrem as trocas e as construções coletivas. Sem os componentes lógicos não se constrói uma comunidade virtual.

Os componentes lógicos e físicos que a compõem estão em constantes mudanças, seja por aprimoramento dos já existentes, seja pela criação de outros recursos disponíveis.

No momento, os principais recursos lógicos disponíveis para esses ambientes podem ser agrupados da seguinte forma: comunicação e pesquisa-publicação.

Os principais instrumentos de comunicação disponíveis para a constituição das comunidades virtuais são: correio eletrônico, listas de discussão, newsgroups, fóruns, salas de chat, videoconferência e os serviços de comunicação das redes sociais.

Fique de olho!

Você acabou de conhecer dois novos recursos de comunicação: os newsgroups e a videoconferência. Veja o que eles significam:

Newsgroups: esse recurso é semelhante à lista de discussão. Sua grande diferença é que as mensagens enviadas ficam armazenadas num servidor e os usuários só acessam aquelas que lhes interessem.

Videoconferência: é o ambiente que permite a comunicação entre diversas pessoas a partir das mídias imagéticas e sonoras, ou seja, as pessoas se veem e se ouvem.

Os elementos de pesquisa-publicação são as páginas da internet, ou seja, toda a teia WWW, o hipertexto universal, que interliga todas as partes do mundo no ciberespaço.

Componentes humanos

Constitui o grupo de todas as pessoas que participam das atividades da comunidade virtual, e essa participação se dá a partir das relações de colaboração e cooperação entre elas. Essas pessoas estão juntas para o desenvolvimento de ações comuns, independentemente das posições geográficas em que se encontram; elas possuem interesses comuns e estão dispostas a compartilhar novas experiências, informações e atitudes.

Pressupõe-se que as pessoas que estão envolvidas nas comunidades virtuais possuem autonomia para suas ações e contribuições, tendo como valores básicos o respeito mútuo, a igualdade, a liberdade de expressão.

Componentes ideológicos

O agrupamento de pessoas em comunidades virtuais está relacionado ao desenvolvimento de ações que visam atingir objetivos comuns.

Os objetivos comuns são a razão de ser de uma comunidade virtual. É em função desse objetivo comum que a comunidade virtual existe e se mantém. Toda comunidade virtual possui uma intencionalidade que é compactuada por todos os seus membros e a partir dela são formuladas as ações que serão desencadeadas pelos seus membros.

A definição da intencionalidade estipula um marco inicial para os agentes de uma comunidade e a sua própria revisão de ser faz parte integrante de uma melhoria, avanço e equilíbrio da comunidade.

Os objetivos comuns não necessitam ser fixos; pelo contrário, estão sempre sendo revistos, garantindo uma atualização contínua, conforme as demandas que surgem a partir das próprias ações dos membros da comunidade e das ações que essa comunidade sofre do meio em que está inserida.

3.4.4.2 Redes sociais, blogs, Twitter, YouTube, Instagram, MySpace

Neste tópico, abordaremos os conceitos que definem uma rede social, afinal de contas, o que é um blog, o YouTube, o Instagram, o MySpace e como estes podem ser utilizados para projetos educacionais.

Redes sociais

Redes sociais são ambientes em que as pessoas de todo o mundo promovem interações por meio dos recursos de comunicação que elas possuem, publicam fotos, compartilham ideias, interligam pensamentos e objetivos de uma forma geral. Um dos grandes objetivos de uma rede social é promover relacionamentos de uma forma dinâmica e rápida, sem os obstáculos das distâncias geográficas e temporais.

Dentro de uma rede social pode-se ter uma comunidade virtual que interliga pessoas com interesses afins. Pelas redes sociais é possível localizar pessoas, fazer contatos, divulgar projetos, publicar trabalhos. É bem provável que você já esteja numa das redes sociais disponíveis. Atualmente, as redes mais famosas são o Facebook e o LinkedIn.

Blogs

São considerados diários, nos quais as pessoas proprietárias publicam diariamente informações e interagem com seus leitores. No Capítulo 6 deste livro, trataremos de vários aspectos relacionados aos blogs.

Twitter

É considerado um microblog, pois permite o envio e o recebimento de mensagens com o máximo de 140 caracteres. Essas mensagens são conhecidas como tweets. É possível interligar uma conta do Twitter a um blog, assim constituindo um hipertexto. Muitas vezes as pessoas utilizam o Twitter a partir dos celulares.

Por meio do Twitter, os professores podem se conectar com os alunos para repassar orientações sobre os trabalhos escolares, agendas de atividades, dentre outros motivos.

YouTube

É um ambiente virtual que permite que as pessoas publiquem e acessem vídeos gratuitamente. Os vídeos do YouTube podem ser excelentes recursos didáticos, pois tornam as aulas mais dinâmicas. Também pode ser uma forma diferenciada para apresentação de trabalhos. O professor poderá solicitar ao aluno que o trabalho seja realizado em formato de vídeo e não impresso na modalidade tradicional.

Instagram

É um ambiente virtual que permite que as pessoas publiquem e acessem fotos gratuitamente. Ele se assemelha ao YouTube, porém com imagens.

MySpace

É um ambiente virtual que permite que as pessoas publiquem e acessem músicas gratuitamente. Ele se assemelha o YouTube e ao Instagram, porém com sons. Este ambiente é muito utilizado por pessoas vinculadas à àrea da música.

Para utilizar o Twitter, o Instagram, o MySpace e as redes sociais é necessário que a pessoa efetue um cadastro para possuir uma conta de acesso. Desta forma, o próprio usuário poderá realizar uma configuração no seu cadastro permitindo ou não o acesso de outras pessoas.

Todas essas ferramentas podem ser utilizadas em projetos educacionais sempre favorecendo a pesquisa, a publicação de trabalhos e a interação entre as pessoas envolvidas. No Capítulo 4 deste livro, mostraremos como todos os recursos da internet podem favorecer os projetos educacionais.

3.4.5 Ambientes virtuais de aprendizagem

Os ambientes virtuais de aprendizagem são espaços nos quais são promovidos cursos on-line, ou mesmo espaços virtuais de convergência para as atividades acadêmicas de uma instituição de ensino.

Cada vez mais os ambientes virtuais de aprendizagem, também conhecidos como AVA, são utilizados como uma extensão para as atividades pedagógicas de uma instituição de ensino. Tal realidade já é muito comum no ensino superior, cabendo aos professores dispor seus materiais didáticos como as apostilas, exercícios e atividades em geral. Neste mesmo local, os alunos também podem postar suas atividades.

Quando mencionamos que um curso é realizado à distância utilizando a internet fica pressuposta a utilização de um ambiente virtual de aprendizagem para o desenvolvimento das atividades deste curso.

Existem no mercado vários ambientes virtuais de aprendizagem. Um dos mais utilizados é o Moodle, que é gratuito e pode ser adaptado para cada realidade educacional.

Amplie seus conhecimentos

Já mencionamos várias vezes a palavra virtual, mas afinal de contas o que é o virtual? Comumente, as pessoas entendem o termo virtual como sendo o contrário da expressão real. O termo virtual adquiriu novas acepções com o avanço das novas tecnologias, com a incorporação da cultura nos meios de comunicação, numa concepção das relações digitais.

Virtual é um adjetivo oriundo do latim *virtus*: que não existe como realidade, mas sim como potência ou faculdade; que é possível; potencial; que pode realizar-se ou executar-se; certos complementos de sentido figurado e não real.

O termo virtual, atualmente, vem sendo utilizado para designar uma nova dimensão do real a partir da qual as realidades são configuradas pelas representações binárias, estando localizadas, principalmente, no ciberespaço, a esfera de um novo espaço que rompe os antigos paradigmas analógicos.

Quer ampliar mais seus conhecimentos sobre o virtual? Tente ler o livro do Pierre Levy, *O que é o virtual*? (Editora 34, 1996).

3.4.6 Netiquetas: regras de etiquetas para a internet

Apesar de não existirem censuras predefinidas na internet, os internautas já desenvolveram uma série de regras/etiquetas de convivência, visando padronizar e melhorar a comunicação. Essas regras/etiquetas são conhecidas como netiquetas. Veja algumas regras de netiquetas:

- » Evite digitar um texto com letras maiúsculas, pois significa que você está gritando com os demais. Utilize letras maiúsculas apenas para os substantivos próprios e no início de parágrafos.
- » Participar de insultos denigre sua imagem diante dos demais participantes.
- » Se você receber uma mensagem com insultos e inoportuna, ignore-a, não responda.
- » Escreva de forma direta e objetiva.
- » Evite passar informações pessoais, tais como telefone e endereço. Você não sabe quem é realmente o outro usuário com quem está fazendo contato.
- » Evite informar seu nome verdadeiro; utilize seu nickname. É mais divertido e você não se expõe a problemas. Nicknames são os apelidos que as pessoas utilizam para se comunicar na internet.
- » Fique atento ao se comunicar com portugueses, pois alguns dos nossos termos distinguem-se dos deles.

Quadro 3.5 – Significados dos termos: Portugal vs. Brasil

Portugal	Brasil
Écran	Tela
Rato	Mouse
Ficheiro	Arquivo
Utilizador	Usuário

Quer sorrir, chorar e beijar na internet? Utilize os emoticons, também conhecidos como smileys. São ícones que representam emoções, ações e características físicas. Eles são muito úteis numa comunicação escrita na internet. Por meio deles, podemos emitir mensagens mais atrativas e emotivas.

Quadro 3.6 – Exemplos de smileys

Emoções	Características	Personalidades
:-) sorrir	*-) usa óculos	O:-) anjo
;-) piscar	B-) usando óculos de sol	*<|:-) Papai Noel
|-) ficando com sono	:-Q um fumante	+-:-) o Papa
[]'s abraços	}:-) cabelo arrepiado	*:o) palhaço
:'-(chorando	:-& língua presa	(:-I nerd
:-* mandando beijo	:-)} tem uma barba	P-) pirata
:-(triste	C=:-) um mestre cuca	[:|] robô
:-O surpresa	:-# usando aparelho nos dentes	(8-o Bill Gates
:-D risada	(-: o usuário é canhoto	=):-)~ Tio Sam

Para perceber a interpretação destes símbolos, vire o livro para a direita. Veja um diálogo com smileys:

– Olá, Cláudia! []'s – disse João.

– Oi, João :-) – disse Cláudia.

– Sabe, Cláudia, estou com problemas nas minhas notas em história, acho que não fiz uma boa prova ontem. :-(

– João, não se preocupe, pois a professora me falou que você tirou 9. Você vai ganhar seu presente de Natal. *<|:-)

Vamos recapitular?

Neste capítulo, você aprendeu sobre a origem da internet, sua finalidade inicial de atender às necessidades das organizações militares norte-americanas e para realização de pesquisas e que somente a partir da década de 1990 passou a ser comercial para os civis.

Você conheceu os principais recursos da internet e como eles podem ser utilizados. Esses recursos são a WWW (é o maior de todos os hipertextos, pois interliga páginas de todo o mundo), o FTP (protocolo que permite o envio e o recebimento de arquivos pela internet), as modalidades de comunicação síncrona e assíncrona, podendo ser utilizadas pelos e-mails, chats, lista de discussão, fóruns.

Foram apresentadas as comunidades virtuais como grande elemento para formação de grupos com objetivos afins a partir dos seus componentes físicos, lógicos, humanos e ideológicos. E que estas comunidades estão presentes também nas redes sociais.

Por fim, comentamos que nos ambientes virtuais de aprendizagem também são importantes as regras de convivência que no mundo virtual são conhecidas como netiquetas.

Agora é com você!

1) Conceitue com as suas próprias palavras o que significa a internet. Quais são as suas principais características?

2) Na sua opinião, por que a WWW é considerada uma das mais influentes contribuições para a internet? O que ela proporciona de novo? Quais são as vantagens dos links e hiperlinks?

3) Você já vivenciou alguma situação desagradável utilizando uma comunicação pela internet? Caso sim, quais foram na sua opinião as netiquetas que não foram utilizadas? Se não vivenciou, na sua opinião quais são as mais importantes?

4) A internet possui várias opções de comunicações. Dentre elas, podemos citar: e-mail, chat e lista de discussão. Conceitue cada uma delas e faça um quadro demonstrativo apresentando as vantagens e limitações de cada uma.

Uso da Internet em Projetos Educacionais e Sociais

Para começar

Agora você aprenderá como realizar pesquisas na internet, seja para finalidades educacionais ou não; aprenderá como realizar atividades com segurança na rede; a fazer avaliação de sites educacionais, a realizar projetos com o uso dos recursos da internet; a como lidar com as questões da língua portuguesa neste ambiente; refletirá sobre algumas questões a respeito da alfabetização, como criar projetos e atividades diferenciadas na internet; conhecerá as principais fases de um projeto educacional via internet e as formas como estes projetos poderão ser desenvolvidos e, por fim, fará uma reflexão sobre as vantagens e os obstáculos para realizar estes projetos.

4.1 O uso da internet para realização de pesquisas

A WWW é considerada a biblioteca universal por possuir o maior acervo de informações do mundo e estar disponível 24 horas por dia em qualquer país. É possível localizar informações sobre os mais variados assuntos nas mais diversas abordagens, e é em relação a esta questão que os educadores ficam preocupados, pois surgem algumas dúvidas, tais como: como fazer pesquisas em sites que possuam informações seguras? Como podemos discernir entre as informações que devem ser utilizadas nos trabalhos ou não?

Veja que a questão não é apenas ter acesso à informação, mas saber tratá-la e analisá-la, descartando as possíveis distorções. A Era Digital é caracterizada pela inundação de informações. Precisamos aprender a criar estratégias para conviver com tal realidade. Saber selecionar as informações é fundamental nesse contexto.

A internet pode ser comparada com uma banca de revistas, guardadas as devidas proporções. Por exemplo: o que acontece quando damos algum dinheiro para nossos filhos, eles vão a uma banca de jornal e em vez de comprar uma revista com material impróprio, eles compram revistas sobre jogos, histórias em quadrinhos ou assuntos diversos?

A escolha está relacionada à educação e às orientações que a criança ou adolescente recebe. É necessário acompanhar os filhos e alunos para encaminhá-los adequadamente. Informações impróprias sempre existiram. A questão atual é que está cada vez mais fácil ter acesso às informações de um modo geral, por isso a participação dos pais e educadores na vida de seus filhos e aprendizes é, a cada dia, mais importante.

Utilizar a internet como meio de pesquisa não significa excluir as demais mídias, sejam impressas ou audiovisuais. É importante continuar sempre utilizando o livro, as revistas, os jornais, os vídeos, a televisão, o rádio, os artigos científicos e os demais meios como fonte de pesquisa. Cada um desses meios tem seu papel na busca de novas informações e referências bibliográficas. O que se pretende com a internet é ampliar e estimular as possibilidades para a realização de pesquisas.

A seguir são apresentados alguns sites desenvolvidos para facilitar e estimular a pesquisa e as atividades educacionais. Nestes sites são publicados conteúdos a partir da seleção dos mesmos realizados por profissionais habilitados em validar a veracidade dos respectivos conteúdos, o que gera uma maior credibilidade na sua utilização.

Quadro 4.1 – Alguns endereços para pesquisas educacionais

Sites para pesquisa escolar	
Biblioteca Virtual de Literatura	http://www.biblio.com.br
Biblioteca Virtual de São Paulo	http://www.bibliotecavirtual.sp.gov.br/temasdiversos-pesquisaescolar.php
Brasil Escola	http://www.brasilescola.com/canais/
Bússola Escolar	http://www.bussolaescolar.com.br
EduKbr	http://www.edukbr.com.br
Escola 24 horas	http://www.escola24h.com.br
Educacional	http://www.educacional.com.br
Eaprender	http://www.eaprender.com.br/
Fundação Bradesco	http://fb.org.br/fblink.asp
Info Escola	http://www.infoescola.com/
Pesquisa Escolar	http://www.pesquisaescolar.com.br
Portal Aprende Brasil	http://aprendebrasil.com.br
Klick Educação	http://www.klickeducacao.com.br
Wikipédia	http://www.wikipedia.org.br
SobreSites	http://www.sobresites.com/pesquisa

Na internet existem sites que foram desenvolvidos especialmente para facilitar as pesquisas dos internautas. Estes sites são os mais indicados para pesquisas pela sua amplitude de informações. Os principais sites de pesquisas são:

- » Aonde   http://www.aonde.com.br
- » Google   http://www.google.com.br
- » Yahoo   http://www.yahoo.com
- » Radar UOL   http://www.radaruol.com.br

Você sabe como estes sites de pesquisa funcionam?

Imagine que você foi a uma biblioteca fazer um trabalho de pesquisa. Chegando lá, perguntou para a bibliotecária onde poderia encontrar informações sobre o relevo brasileiro e ela indica vários livros e enciclopédias, entre eles o Almanaque Abril, a Barsa, a Delta Larousse e outros.

O que você vai fazer? Consultar todas essas bibliografias e verificar qual delas possui informações mais próximas da sua necessidade.

Dessa mesma forma funcionam os índices de pesquisas da internet. Imagine que cada um desses índices atua como uma enciclopédia e que cada enciclopédia apresenta as informações de uma maneira, cabendo ao usuário fazer a seleção das informações a serem utilizadas.

4.1.1 Como agilizar a pesquisa na internet

Muitas vezes as pessoas comentam que realizaram uma pesquisa na internet e não foram localizadas as páginas com conteúdos de seu interesse. Isso é possível, entretanto, o que percebemos inúmeras vezes é que a pesquisa não estava bem direcionada. Veja algumas sugestões para que a sua pesquisa seja realizada de forma mais eficaz:

- » Ao realizar uma pesquisa na internet, é necessário que você identifique a palavra-chave que será pesquisada. Por exemplo: se estiver pesquisando sobre bacalhau, deve digitar como palavra-chave o nome "peixes", ou "bacalhau" ou "peixes da Noruega". Se você informar a palavra "animal", vão aparecer inúmeros sites que podem ou não estar relacionados com o assunto pesquisado. Como a palavra "animal" é muito ampla, é bastante provável que você perca um bom tempo tentando localizar os sites do seu interesse específico.

- » Utilize aspas para restringir sua pesquisa. Por exemplo, se você deseja pesquisar sobre o Delta do Parnaíba, digite assim: "Delta do Parnaíba", ou seja, entre aspas. Se você não digitar entre aspas, o índice de pesquisa vai localizar vários sites sobre deltas, outros sobre Parnaíba e outros sobre o Delta do Parnaíba. Sendo assim, você perde tempo lendo os sites localizados até encontrar o mais adequado para a sua pesquisa.

- » Outra forma de restringir a pesquisa é utilizar o ponto e vírgula entre as palavras. Por exemplo, ao digitar "Delta do Parnaíba", você poderia utilizar Delta; Parnaíba. O índice de pesquisa vai localizar sites que associem simultaneamente as palavras Delta e Parnaíba.

» Para os sites de busca não é necessário digitar acentos e cedilhas nem digitar letras maiúsculas, ou seja, esses sites não distinguem letras maiúsculas de minúsculas e nem as palavras com e sem acento.

» Ao digitar um texto ou uma palavra a ser pesquisada, o fato de digitá-la no plural pode ampliar as possibilidades da sua pesquisa. Por exemplo: se você digitar "hotéis em Fortaleza", pode localizar mais informações do que se você digitasse "hotel em Fortaleza".

Aproveite e valide todas essas dicas sugeridas e veja os resultados que você encontrará.

4.1.2 Como desenvolver atividades de pesquisa na internet

Para desenvolver uma atividade educacional de pesquisa por meio da internet, podemos optar por três modalidades:

» Pesquisa livre: quando o educador vai ao ambiente de informática com o intuito de promover uma navegação sem um item específico de conteúdo, ou seja, o que ele deseja é observar se sua turma possui ou não habilidades para pesquisar na internet.

Nessa modalidade, o educador não realiza direcionamentos. Ele simplesmente solicita aos alunos que pesquisem assuntos do próprio interesse, evitando intervir nos conteúdos para a pesquisa. O objetivo dessa proposta de pesquisa é estimular a autonomia e a curiosidade nos alunos.

» Pesquisa direcionada pelo conteúdo: ocorre quando o educador solicita aos alunos que realizem uma pesquisa sobre um determinado assunto, sem definir ou sugerir os sites a serem pesquisados. Cabe a cada aluno localizar sites sobre o conteúdo solicitado e fazer a análise inicial, se as informações localizadas são confiáveis e adequadas ou não.

Para a realização dessa pesquisa é necessário que o educador possua tempo disponível, pois cada aluno localizará diferentes sites, cabendo num momento posterior ser realizada uma análise para apuração das informações localizadas.

Para ter sucesso numa atividade nessa modalidade, é necessário que no ambiente de informática haja uma conexão com a internet de boa qualidade, caso contrário, a lentidão para navegar nos sites vai se tornar um grande fator de desmotivação para os alunos e educadores, fazendo com que os alunos desistam da pesquisa antes mesmo de terminá-la.

» Pesquisa direcionada pelo conteúdo e site: ocorre quando o educador solicita aos alunos que realizem uma pesquisa sobre um conteúdo pré-selecionado e nos sites específicos já analisados por ele anteriormente.

Esse tipo de pesquisa possui uma característica muito tradicional, ou seja, o professor indica onde localizar a informação que ele já conhece. Essa modalidade em nada difere da antiga forma de conduzir uma pesquisa em que o professor não se expõe a conteúdos não conhecidos por ele.

Essa modalidade de pesquisa pode ser indicada quando o professor não possui tempo hábil para permitir que o aluno faça a pesquisa por conta própria.

4.2 Sistemas de segurança na internet

Uma das questões que mais preocupa os pais e os educadores quanto à utilização da internet é a facilidade de acesso às informações relacionadas aos conteúdos de sexo, racismo e outros considerados inadequados.

Para que os pais e educadores possam se sentir mais seguros, é possível instalar em seus computadores programas que bloqueiam o acesso aos conteúdos não desejados para seus filhos ou alunos.

O bloqueio de sites também pode ser realizado a partir do pré-cadastramento dos endereços dos sites ou mesmo de palavras-chave no próprio navegador.

Também é possível acompanhar os sites pesquisados observando os registros de navegações no próprio navegador a partir da verificação do histórico das páginas navegadas.

4.3 Avaliação de sites educacionais ou não

Considerando que a WWW é um recurso precioso para pesquisas educacionais e que a tendência é utilizarmos cada vez mais as páginas da internet para buscar informações, é também importante que saibamos analisar os sites para essas finalidades. Sendo assim, é necessário verificar alguns itens, tais como:

- » Nome do site: nem sempre o endereço corresponde ao site pesquisado. Exemplo: o site da Escola do Futuro é www.futuro.usp.br, já o site do EstudioWeb é www.estudioweb.com.br. O primeiro endereço não corresponde exatamente ao nome da escola, já o segundo corresponde na sua totalidade. É importante que isso seja verificado para validar se o local onde estamos realizando a pesquisa é exatamente o pretendido.

- » Autoria do site: quem são as pessoas ou empresas que estão relacionadas com o desenvolvimento do site. Veja se têm credibilidade.

- » Data da publicação/alteração da página que está sendo pesquisada: essa informação vai situá-lo quanto às questões relacionadas ao tempo durante o qual a informação está disponível.

  Por exemplo: se existe uma página com informações sobre uma guerra que está ocorrendo, provavelmente, todo dia o contexto da informação será alterado.

  Se um site está com data de publicação muito anterior ao seu acesso, corre-se grande risco de a informação estar desatualizada.

- » Objetivo do site: os itens "apresentação", "quem somos", "nossos objetivos" ou algum item com outra nomenclatura devem trazer informações sobre os objetivos do site pesquisado.

  É importante fazer uma leitura dessa área do site para identificar e situar-se em relação às informações que estão publicadas, dessa forma você valida o objetivo do site com os seus.

- » Conteúdo do site: por exemplo, se o site pesquisado possui ou não as informações que são necessárias para sua pesquisa. Em outras palavras, navegue no site e identifique os conteúdos abordados nele. Essa identificação é importante para pesquisas futuras.

- » Público-alvo: para quem foi desenvolvido o site, ou seja, para qual público está voltado o conteúdo publicado. Essa informação o situará em relação à abordagem do site, à linguagem utilizada e se ele é indicado ou não para seu objetivo.

» Recursos de comunicação do site: se for um site de pesquisa educacional, deve ser verificado se existem e-mails para contatos, salas de bate-papo, fórum, lista de discussão.

Esses recursos permitem maior interação com as pessoas que desenvolvem o site, bem como com outros participantes e pessoas relacionados com o conteúdo do site.

É bem provável que nesse sentido o site esteja vinculado às diversas redes sociais. Se for do seu interesse, vincule o site aos seus acessos das redes sociais.

» Recursos de pesquisa que o site possui: a maior parte dos sites desenvolvidos para finalidade educacional possui suas informações separadas por áreas de conhecimento, por exemplo, por disciplinas escolares. Isso facilita muito a busca de informações.

» Outros serviços oferecidos: alguns sites educacionais oferecem vários outros serviços, além das opções de pesquisa escolar e de comunicação, como indicações de softwares educacionais, exemplos de planos de aula, indicações de sites relacionados aos assuntos do site pesquisado, orientações sobre projetos educacionais, cursos a distância, concursos, jogos, cartões virtuais, entre outros.

Veja o exemplo de uma análise do portal educacional do EdukBr (ela pode variar conforme as alterações ocorridas no site, porém a lógica da análise apresentada a seguir pode ser aproveitada como exemplo).

Quadro 4.2 – Exemplo de uma análise de um portal educacional

Tópicos de Análise	Observações
Nome	Revista Nova Escola http://revistaescola.abril.com.br/
Autoria	Fundação Victor Civita
Data de publicação/atualização	Nas páginas desse portal não estão identificadas as datas de publicações ou atualizações, entretanto, apresenta a data dos Copyrights – Fundação Victor Civita © 2013 – Todos os direitos reservados.
Objetivos	O objetivo do portal educacional Nova Escola é fornecer informações sobre as diversas temáticas relacionadas à educação infantil, ao ensino fundamental 1 e 2, ao ensino médio e à gestão escolar. É a revista eletrônica na Nova Escola. Este portal é um ambiente com conteúdo para os professores e demais profissionais da educação. Ele fornece várias dicas de atividades práticas que podem ser utilizadas em sala de aula, além de indicações de livros, softwares, planos de aula, etc.
Conteúdo	Material de apoio educacional para professores e educadores em geral.
Público-alvo	Professores e educadores em geral.
Recursos de comunicação	As possibilidades de comunicações por ele são o uso do Facebook, do Twitter e e-mail, conforme disponível na página deste portal.
Recursos de pesquisa	Na página principal da Nova Escola existem as opções da educação infantil, ensino fundamental 1 e 2 e ensino médio. As informações estão organizadas por disciplina escolar, além do agrupamento por outras temáticas.
Serviços oferecidos Como se trata de um portal, é indicado que cada um dos sites oferecidos nesse ambiente seja analisado isoladamente.	A Nova Escola, além de todos os conteúdos já mencionados, fornece planos de aula, blogs, vídeos, fotos, testes, agendas e a possibilidade de acesso a todas as revistas já publicadas.

> **Fique de olho!**
>
> Portal é um site que aglutina num mesmo endereço várias informações produzidas pelos seus próprios criadores ou que possui vários links para outros endereços com conteúdos correlacionados. Um site caracteriza-se como portal pela sua dinamicidade, pelo volume de conteúdos e pelas possibilidades de interações com os usuários.

4.4 Elaboração de projetos educacionais via recursos de comunicação: e-mail, lista de discussão, fórum e outros

Para elaborar e colocar em prática um projeto de educação com a utilização dos recursos de comunicação disponíveis na internet, algumas questões devem ser consideradas, tais como:

- » Definição da equipe de educadores que vai coordenar o projeto: é necessário ter nessa equipe pelo menos um educador com um bom nível de conhecimento de internet, pois terá maior autonomia para coordenar o projeto, bem como para ajudar os demais que tenham interesse em participar do projeto.
- » Definição de um tema para as discussões: o tema a ser discutido deve ser de interesse geral, ou seja, deve contemplar várias áreas do conhecimento, pois dessa forma será mais fácil localizar professores de diferentes áreas que se predisponham a participar do projeto.
- » Elaboração do projeto: da mesma forma como é elaborado um projeto para os ambientes presenciais, também se elaboram os projetos a distância via internet, ou seja, os objetivos, o público-alvo, as etapas de desenvolvimento, as estratégias e a forma de avaliação do projeto.
- » Disponibilização de e-mails ou acesso à internet para todos os participantes: se o projeto for via e-mail, os participantes devem ter suas contas de e-mail particulares para que possam acessar suas mensagens, bem como respondê-las.
    - » Caso o projeto ocorra a partir de fóruns, é necessário que o participante tenha acesso à internet. Caso os participantes não tenham e-mail, deve ser feito um cadastro nos sites que oferecem e-mails gratuitos.
    - » Caso os participantes não tenham acesso à internet em suas casas, que possam acessá-la na escola ou em outros locais apropriados, como os telecentros. O acesso à internet é uma condição básica para o desenvolvimento de projetos virtuais.
- » Divulgação do projeto: pode ocorrer a partir do envio de e-mails para todos os convidados ou a partir da publicação de páginas com as orientações sobre o projeto. Se necessário, recorra à divulgação por mídias impressas.

Também não se deve esquecer de que, antes de iniciar as atividades do projeto, devem ser definidas as normas de convivência e, no momento inicial, fazer as apresentações dos participantes para que todos possam se conhecer.

Para dar um exemplo prático de um projeto educacional via internet, podemos fazer a seguinte simulação:

- » A Escola Imaginação resolveu lançar o projeto Eleição.
- » A educadora Lia e o educador Marcel são os responsáveis pela coordenação do projeto.
- » Na reunião de planejamento da escola, os educadores apresentaram a ideia do projeto, que tem como objetivo desenvolver nas crianças o espírito crítico sobre as eleições. Na reunião já anotaram os e-mails dos demais professores que desejam participar do projeto. Para os professores que desejam participar, mas ainda não possuem e-mails, eles fizeram um cadastro no Gmail.
- » Os professores Marcel e Lia definiram algumas questões sobre as eleições que serão discutidas inicialmente, tais como:

    1ª semana: Quais são as funções do Presidente da República, dos governadores, dos deputados estaduais e federais e dos senadores?

    2ª semana: Quais propostas de trabalho esses políticos deveriam concretizar nos próximos anos?

    3ª semana: Como vocês avaliam os atuais políticos brasileiros?

    4ª semana: Discussões em aberto, propostas pelos próprios participantes.

    5ª semana: Elaboração coletiva do relatório final do projeto.

- » Após a construção das problemáticas citadas para discussão, os educadores divulgaram-nas nos e-mails, na lista de discussão e no fórum para que todos os participantes pudessem opinar e/ou redirecionar a proposta do projeto. Eles também divulgaram as ideias do projeto para os alunos em sala de aula, convidando-os a participar do projeto.
- » Em seguida, colocaram em prática os passos planejados e adaptaram-nos às ideias e tópicos de discussões propostos pelos alunos e educadores.
- » Por fim, de posse de todas as mensagens circuladas, os educadores Marcel e Lia elaboraram o relatório contendo todas as considerações dos alunos e demais educadores.

Após a fase final de elaboração do relatório, é interessante promover um encontro presencial com todos os participantes para que estes possam fazer uma avaliação da experiência.

E o próximo passo? Agora é só repetir o processo proposto e aprimorá-lo, inserindo a experiência da navegação entre as páginas da internet (pesquisa) e elaborando as home pages dos trabalhos de cada aluno (publicação na web).

4.4.1 Algumas considerações sobre o uso das ferramentas de comunicações em projetos educacionais

Quando iniciamos atividades de comunicação via internet em ambientes educacionais, uma das primeiras questões levantadas é a seguinte: quais serão as escolas parceiras ou outros parceiros que trocarão e-mails, participarão de salas de chat ou das listas de discussão com nossos alunos?

Para que essas comunicações previstas num projeto educacional ocorram de forma eficaz, devem ser verificadas as seguintes situações:

» Apesar de as salas de chat serem um mecanismo de comunicação rápido e bastante motivador, na prática é difícil utilizá-las com outras escolas, pois o horário de utilização dos ambientes de informática muitas vezes não é compatível entre as escolas, ou seja, se uma escola possui acesso ao laboratório de informática às 14 horas todas as segundas, a outra escola somente consegue utilizar o laboratório às terças, o que prejudica as atividades interescolares. Uma alternativa é privilegiar a utilização das comunicações assíncronas.

» O tempo de adesão entre as escolas às vezes é lento e se torna um grande desmotivador. É importante lembrar que o nível tecnológico entre as escolas é diferente, pois enquanto algumas estão mais avançadas quanto à utilização do computador e quanto ao acesso à internet, outras estão iniciando seus processos de "alfabetização tecnológica" entre os educadores.

» O tempo de adesão também está relacionado aos objetivos específicos de cada escola que deseja participar do projeto, o que também muitas vezes torna difícil a compatibilização desses interesses.

» Para as escolas que pertencem a uma rede, realizar projetos via internet torna-se mais fácil, pois, como pertencem a uma mesma filosofia pedagógica, terão maiores facilidades em localizar outras escolas com interesses semelhantes. É o caso das escolas públicas, muitas vezes uma gestão municipal cria projetos para a rede de ensino envolvendo todas as escolas ao mesmo tempo.

» As escolas que não fazem parte de rede podem localizar em seus sindicatos ou associações escolas parceiras para realizar os trabalhos via internet. O mesmo se aplica para outras instituições que desejam participar ou realizar projetos via internet.

» Outra forma de divulgar os projetos virtuais é a partir da publicação das páginas relativas ao projeto desejado. Em seguida, deve-se fazer uma pesquisa na internet em sites de outras escolas e fazer o convite às escolas visitadas. Buscar parcerias nas redes sociais também é uma ótima alternativa.

» Os e-mails, as listas de discussão e os fóruns têm sido os recursos de comunicação mais utilizados para o desenvolvimento de projetos via internet, pois não é necessário que as escolas estejam on-line num momento simultâneo para participar do projeto. Dessa forma, a primeira questão colocada nessas orientações é amenizada.

» Também é preciso lembrar que um bom começo para promover a comunicação virtual é iniciar atividades simples entre os próprios alunos e educadores. Se você consegue iniciar as trocas de e-mails ou outras comunicações digitais com seus alunos e educadores, já pode considerar isso uma excelente experiência.

4.4.2 O que prevalece: o conteúdo ou as regras da língua portuguesa?

A internet tem proporcionado a criação de uma série de signos para o processo de comunicação. Além dos smileys comentados no Capítulo 3, perceba que as mensagens circuladas na internet muitas vezes são abreviadas e são criadas novas palavras que não existem nos dicionários da língua portuguesa. Então vem a seguinte questão: o que deve prevalecer, o conteúdo das mensagens ou as regras da língua portuguesa?

Acompanhe o exemplo abaixo de uma breve visita a uma sala de bate-papo e observe uma série de trechos que permite uma visualização rápida da nova forma de comunicação e escrita utilizada pelos internautas:

- Alguém quer tc? (significa: alguém quer teclar?)
- De onde você tc? (significa: de onde você tecla?)
- Kd vc? (significa: cadê você?)
- E pelo jeito ker continuar assim... (significa: e pelo jeito quer continuar assim...)
- Muito kietinho para meu gosto. (significa: quietinho)
- ... deixa um beijo meu pra ele, ok?...........brigadim! (significa: obrigado)
- Tbem sou de Ubatuba. (significa: também)
- Karamba ke ki houve com esse povo hoje? Ta tudo mundo enlouquecido? (significa: a expressão "caramba" o que que houve...)
- Boa tarde.....smacksssssssssssssssss (significa: beijos)
- eu naum....eu tô felizzzzzzzzzzzz (significa: eu não)
- Inda bem ne (significa: ainda bem, não é?)
- ki ki tá pegando...o pessoal tá stressado???/rsssssss (significa: que a pessoa está sorrindo)
- Eu como fikei na praia ate agora e tava uma dilicia.... to de bom humor com akele cansaço gostosinho de praia..... akela molezinha....(significa: aquela e observe que várias palavras estão sem acento)
- Oi miga!!!!!!!!!!!!Td blzinha? (significa: oi amiga, tudo belezinha?)

Tais trechos parecem uma nova língua, e talvez possamos denominá-la portunet. O que você acha? Esta é uma questão conceitual, mas preocupante, pois pode se tornar um hábito na escrita dos alunos e adultos de uma forma geral.

Quanto à forma de utilização da língua portuguesa em ambientes ou projetos educacionais, cada equipe de educadores que estiver coordenando os projetos deve definir as regras de convivência, e dentre elas se será aceito ou não o linguajar utilizado na rede ou se deve prevalecer a escrita formal.

Também deve ser considerado que muitas vezes temos baixa participação nos projetos via e-mail ou lista de discussão porque os participantes ficam inibidos ao escrever por causa de possíveis erros em suas mensagens. Essa questão pode ser considerada positiva para incentivar as pessoas a escreverem, mas pode gerar constrangimentos.

Em algumas atividades educacionais via e-mail, os educadores podem definir que o mais importante deve ser a transmissão dos conteúdos e mensagens, pois no decorrer do trabalho constantemente aparecem mensagens corrigindo palavras, concordâncias e outras regras relativas às normas da língua portuguesa, conforme o programa utilizado. Dessa forma, são aceitas as novas formas de escrita.

> **Fique de olho!**
>
> Tendo em vista que as pessoas de uma forma geral utilizam o linguajar portunet, é bastante receoso utilizar a rede como meio para o desenvolvimento do processo de alfabetização. Entretanto, não podemos deixar de considerar que na internet prevalece o processo de comunicação escrita, o que estimula muito a capacidade de escrever. A questão é como alfabetizar na internet sem ser influenciado por esse novo linguajar.
>
> Talvez uma das alternativas seja a construção de um processo de alfabetização via rede em ambientes virtuais fechados, ou seja, somente podem participar dos projetos as pessoas que estiverem diretamente envolvidas, estando todas conscientes das normas de convivência, bem como definir com antecedência os sites que devem ser utilizados para pesquisa até que o processo de alfabetização esteja em parte desenvolvido e estabelecido.

4.5 Desenvolvimento de atividades educacionais diferenciadas com o uso da internet

Você está com a rede na mão, então utilize todos os recursos que estão disponíveis nela para inovar seu processo de ensino-aprendizagem. Fazer um projeto educacional com o uso da internet vai além dos recursos de comunicação já mencionados nos tópicos anteriores. Que tal dar mais um passo para essa melhoria? Veja algumas ideias de como realizar um projeto diferenciado utilizando todos os recursos da internet:

Modelo 1 – Projeto educacional com pesquisa, publicação e comunicação

» Escolha um tema para pesquisa e convide os outros educadores para participar.

» Cada educador deve desenvolver uma atividade baseada no seu conteúdo disciplinar e que aborde o tema escolhido.

» Repasse para os alunos e solicite que cada grupo escolha a disciplina que vai pesquisar.

» Baseados nesta atividade, os alunos devem pesquisar em diferentes referências bibliográficas, inclusive na internet, o assunto predefinido.

» Como resultado da pesquisa, os alunos devem elaborar um relatório sobre o assunto pesquisado e em seguida transformar esse relatório numa home page.

» A partir de todas as home pages produzidas pelas diferentes equipes, elabore uma única home page para a apresentação total da pesquisa multidisciplinar.

» Por fim, publique-as nas redes sociais ou nos blogs que vocês possam ter criado.

» Durante o desenvolvimento das atividades do projeto, procure promover trocas de e-mails e agendamento de bate-papos entre os alunos da sua escola.

Essa é uma forma de praticar a utilização da internet como ferramenta de pesquisa, publicação de trabalho e de interação.

Modelo 2 – Matriz de atividades pedagógicas via internet

A seguir, veja uma proposta estruturada para a elaboração e construção de um projeto temático utilizando vários recursos da internet como ferramenta pedagógica. Neste esquema são apresentados resumidamente alguns recursos da internet e suas possíveis utilizações.

Quadro 4.3 – Matriz de atividades pedagógicas via internet

Matriz de atividades pedagógicas com uso da internet recurso: WWW		
Conteúdo curricular	Atividades com os recursos da internet	
	Pesquisa livre	Pesquisa direcionada
Atividade disciplinar ou projeto relacionado a um assunto com foco disciplinar ou multidisciplinar.	Sem indicação de site ou de um assunto específico. Realizada a partir dos serviços de pesquisas disponíveis na internet.	Com indicação de site ou de um assunto específico para a pesquisa; o professor dá a sua orientação.

Recursos: comunicação assíncrona – lista de discussão/e-mail/fórum				
Conteúdo curricular	Atividades com os recursos da internet			
	Troca de mensagens	Construção coletiva de texto	Seminário	Debate
Atividade disciplinar ou projeto relacionado a um assunto com foco disciplinar ou multidisciplinar.	A partir de um tema ou problema é iniciada uma discussão via e-mail, lista de discussão ou fórum.	O texto pode ser iniciado por um aluno e finalizado por outro aluno a partir dos recursos de comunicação assíncrona.	O aluno deve elaborar um relatório sobre determinado assunto e enviar para a lista de discussão, visando gerar um debate.	A partir de um determinado assunto pode-se promover debates argumentativos com análises prós e contras.

Recursos: Comunicação síncrona – chat, MSN, Skype ou outro comunicador síncrono				
Conteúdo curricular	Atividades com os recursos da internet			
	Debates sobre assuntos específicos	Bate-papo livre		Bate-papo com convidados
Atividade disciplinar ou projeto relacionado a um assunto com foco disciplinar ou multidisciplinar.	A partir de um tema ou problema é iniciada uma discussão numa sala de bate-papo. Essa discussão pode ser gravada para posterior releitura.	O intuito é promover uma socialização virtual, desenvolver a escrita e a interação entre os membros de um grupo.		A partir de um tema ou problema é iniciada uma entrevista ou mesmo uma discussão com algum profissional convidado.

Recursos: FTP e videoconferência			
Conteúdo curricular	Atividades com os recursos da internet		
	Localização de softwares	Videoconferência	Videoconferência
Atividade disciplinar ou projeto relacionado a um assunto com foco disciplinar ou multidisciplinar.	Baseado no tema em estudo, os alunos devem localizar softwares sobre os assuntos em pesquisa.	Promover debates em tempo real.	Promover tutoriais, aulas e palestras em tempo real.

Recurso: softwares para produção de sites/blogs				
Conteúdos/ atividades	Atividades com os recursos da internet			
	Produção de home page	Produção de home page	Produção de desenhos	Publicação de home pages
Projeto ou atividade disciplinar relacionada a um assunto com foco disciplinar ou multidisciplinar.	Produzir home pages ou blogs sobre os próprios alunos – autobiografia.	Produzir home pages ou blogs a partir de pesquisas realizadas pelos alunos sobre os projetos educacionais ou conteúdos disciplinares.	Produzir home pages ou blogs com desenhos elaborados pelos próprios alunos para publicação na internet.	Publicação das home pages ou blogs em sites gratuitos ou pagos.

Modelo 3 – Matriz de atividades multidisciplinares via internet

Veja em seguida um outro modelo de esquema para a utilização da proposta apresentada anteriormente. Preencha as lacunas com as atividades que cada disciplina deve contemplar, bem como a estratégia a ser utilizada, tendo como referência os recursos da internet que foram apresentados. Dessa forma é possível desenvolver um projeto educacional envolvendo várias áreas de ensino.

Quadro 4.4 – Matriz de atividades multidisciplinares via internet

Matriz de atividades multidisciplinares							
Aspectos que as atividades devem contemplar	Português	Matemática	Geografia	História	Inglês	Ciências	Artes
Aspectos comunicacionais							
Meios de comunicação							
Literatura							
Artes							
Aspectos sociolinguísticos							
Biografias							
Biológicas							
Saúde							
Fauna							
Flora							
Aspectos sociais							
Economia							
Política							
Folclore							
Histórico							
Turismo							
Aspectos estruturais							
Físico							
Estatísticas							
Fuso horário							

4.5.1 Outros fatores de sucesso para o desenvolvimento de um projeto educacional com o uso da internet

Além das questões já apresentadas, seguem mais algumas observações importantes para o desenvolvimento de um projeto educacional via internet.

» Definição dos educadores que participarão das atividades iniciais do projeto. É interessante que num primeiro momento não sejam selecionados muitos educadores, visto que, por ser uma nova técnica (entende-se técnica no sentido amplo, além da ferramenta em si) a ser utilizada, existe um período de adequação ao uso das ferramentas disponíveis. Os educadores que participarão inicialmente podem assumir posteriormente o papel de multiplicadores dessa aprendizagem.

» Os educadores selecionados devem ser capacitados inicialmente quanto à utilização dos serviços básicos da internet (WWW, chat, lista de discussão, e-mail, FTP, redes sociais, dentre outros disponíveis). Posteriormente, é importante que alguns educadores das escolas possam também desenvolver suas próprias páginas para publicação dos trabalhos elaborados.

» Definição do tema gerador a ser pesquisado e desenvolvido. Afinal de contas, qual será o assunto a ser abordado nesse trabalho? Esse também é um tópico essencial em qualquer das modalidades de projetos educacionais.

» Detalhamento de todas as atividades a serem elaboradas em função do tema escolhido. Essas atividades devem ser repassadas para os alunos por períodos previamente definidos. Por exemplo: as atividades devem ser cumpridas semanalmente, quinzenalmente ou mensalmente.

» Elaboração de um site (pode ser um blog ou uma página numa rede social) para integrar as atividades do projeto. Esse site deve conter: nome e logo do projeto, apresentação do projeto, os objetivos do projeto, a metodologia a ser utilizada, o público-alvo, o tempo de duração do projeto, os critérios de avaliação, a equipe de desenvolvimento, a apresentação da(s) escola(s) e/ou dos alunos participantes, agenda com as atividades a serem desenvolvidas, local para troca de mensagens (lista de discussão, e-mail, comunicadores em geral e chat) e local para exposição das atividades desenvolvidas pelas equipes de trabalho. Caso a escola queira, ela pode sofisticar ainda mais o site. Tudo depende da equipe de profissionais que está diretamente relacionada ao desenvolvimento. A publicação dos materiais em site é o modo de materializar o projeto e podermos visualizar de uma forma mais concreta as atividades que estão sendo elaboradas.

» A partir das atividades citadas, o importante agora é o acompanhamento das atividades enviadas pelos integrantes do projeto. O envio das atividades pode ser efetuado por lista de discussão, e-mails ou pelo próprio site do projeto a partir do recurso de formulário on-line. O aluno preenche as informações solicitadas e automaticamente sua pesquisa é enviada e publicada no site do projeto.

» Por fim, como em todo projeto, devemos sempre avaliar os resultados obtidos. Todas as atividades foram cumpridas? Quais foram os problemas que surgiram durante o desenvolvimento das atividades? Os alunos e professores mantiveram-se motivados durante todo o projeto? Os alunos enviaram as atividades em tempo hábil? Qual é o serviço mais utilizado?

A avaliação não deve ocorrer apenas na sua finalização, mas durante todo o desenvolvimento do projeto, visto que não adianta corrigir erros quando não é mais possível reparar os prejuízos causados.

Portanto, é necessário efetuar controles para que os problemas que surjam durante o processo de desenvolvimento do projeto sejam corrigidos em tempo hábil.

Por fim, para facilitar a visualização das possibilidades de atividades que podemos realizar na internet para fins educacionais e algumas considerações sobre estas, elencamos uma síntese conforme o Quadro 4.5.

Quadro 4.5 – Resumo dos recursos da internet × atividades educacionais

Recursos	Sugestões de Atividades	Estratégias
WWW	Pesquisa livre	Sem indicação de site ou sem indicação de um assunto específico. Realizada a partir dos serviços de pesquisas (Cadê, Yahoo, Altavista).
WWW	Pesquisa direcionada	Com indicação de sites ou com indicações de assuntos específicos para a pesquisa.
Correio eletrônico, lista de discussão, fórum	Troca de mensagens	A partir de um tema ou problema é estimulada uma discussão.
Correio eletrônico, lista de discussão, fórum	Construção coletiva de texto	O texto é iniciado por um aluno e finalizado por outros alunos.
Correio eletrônico, lista de discussão, fórum	Seminário	O aluno deve elaborar um relatório, texto sobre determinado assunto e enviar para a lista de discussão, visando gerar um debate.
Correio eletrônico, lista de discussão, fórum	Debate	Promover debates argumentativos de análises prós e contras sobre um determinado assunto.
Correio eletrônico, lista de discussão, fórum	Debate sobre assuntos específicos	A partir de um tema ou problema é iniciada uma discussão. A discussão pode ser gravada para uma posterior releitura.
Sala de bate-papo	Bate-papo livre	O intuito é promover uma socialização virtual a partir da escrita.
Sala de bate-papo	Bate-papo com convidados	A partir de um tema ou problema é iniciada uma entrevista ou mesmo uma discussão com algum profissional convidado.
Jogos on-line	Diversão	Localizar sites na internet que permitam utilizações on-line.
FTP	Localização de softwares	Baseado no tema em estudo, os alunos devem localizar softwares sobre os assuntos em questão.
Software para produção de home page	Produção de home page	Produzir home pages sobre os próprios alunos – autobiografia.
Software para produção de home page	Produção de home pages	Produzir home pages a partir de pesquisas realizadas pelos alunos sobre os projetos/conteúdos educacionais.
Software para produção de home page	Produção de desenhos	Produzir home pages com desenhos elaborados pelas próprias crianças.
	Publicação	Publicação das home pages gratuitas ou pagas.
Software de videoconferência	Videoconferência	Promover debates em tempo real.
Software de videoconferência	Videoconferência	Promover tutoriais/aulas em tempo real.
Redes Sociais (Facebook, Twitter etc.)	Criação de comunidades virtuais	Desenvolver comunidades virtuais para discussão de temas específicos que estejam previstos nos projetos da escola.

4.5.2 Fases de um projeto educacional com internet

De uma forma bastante simples, podemos esquematizar resumidamente as fases de um projeto educacional, com o uso dos serviços de internet, conforme as orientações anteriores, da seguinte forma:

1º Momento: Pesquisa: WWW, FTP e outros recursos (livros, revistas, CDs, jornais)

2º Momento: Discussão baseada nas pesquisas realizadas (lista de discussão, e-mail, chat)

Projeto Educacional Via Internet

3º Momento: Elaboração dos trabalhos a serem apresentados (Word, Paint, criação de home page)

4º Momento: Envio e exposição dos trabalhos elaborados (lista de discussão, e-mail, FTP) Exposição: via home page

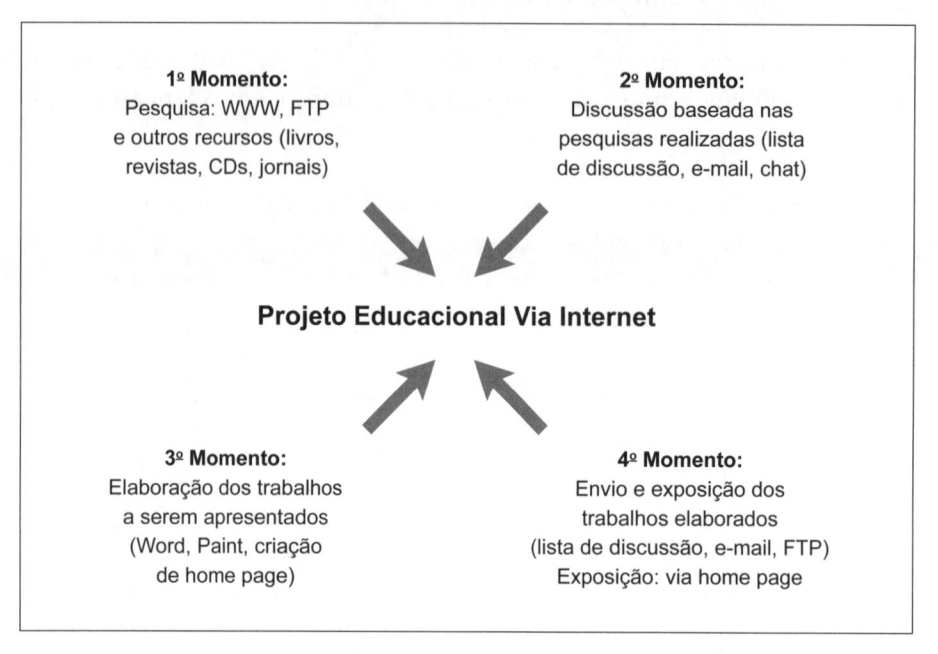

Figura 4.1 – Fases de um projeto educacional com a internet.

» 1º momento: é a fase de levantamento de dados conforme solicitado pela descrição das atividades definidas pelos educadores envolvidos no projeto. É sempre bom lembrar que o levantamento de dados não deve se limitar à pesquisa na internet. Os participantes do projeto devem recorrer a livros, jornais, revistas, vídeos, programas de TV e outras fontes. O objetivo é que os alunos e educadores se habituem à prática de pesquisa. A internet deve ser considerada apenas mais uma fonte para obter informações. As informações encontradas na internet devem ser também mencionadas como fonte de bibliografia da pesquisa.

» 2º momento: após o levantamento de dados obtido na fase anterior, é interessante gerar um debate sobre as questões encontradas, conforme os recursos de comunicação disponíveis.

» 3º momento: depois das conclusões elaboradas, chega então a hora da grande adequação das informações. Hora de montar uma produção que pode ser feita por meio de qualquer expressão, seja textual, pictórica, musical, espacial, seja outra que a equipe de produção ache mais interessante para refletir as suas conclusões. Em função da definição por parte da equipe de desenvolvimento do projeto, verifique o programa que deve ser utilizado para a produção do trabalho para sua posterior publicação.

» 4º momento: talvez a fase de maior empolgação de um trabalho seja quando o resultado está pronto e pode ser visualizado por qualquer pessoa. Lembre-se: ao expormos um trabalho na internet, estamos expondo para o mundo. Qualquer pessoa de qualquer país pode acessá-lo quando desejar. Essa fase é bastante criteriosa.

Os professores devem ficar atentos ao que está sendo publicado, pois será a "cara" da escola. Por meio desses trabalhos, muitas vezes podemos ver o nível de qualidade que a escola apresenta. Por sinal, essa questão é uma das grandes resistências encontradas pelas escolas, pois ela acaba se expondo perante a comunidade.

Os projetos educacionais via internet não devem contemplar apenas momentos virtuais e a distância. O contato humano, os olhos nos olhos, o tato são sensações tão gratificantes ou mais gratificantes que uma relação binária. Conhecer alguém presencialmente, tocar, ouvir a voz e olhar nos olhos daqueles(as) que conhecíamos apenas por intermédio de um computador é muito importante para o próprio processo educacional.

A internet é mais um canal de conhecimento, de trocas e buscas. A internet não substitui os contatos presenciais. Ela facilita, aprimora as relações humanas, elabora novas formas de convivência, estimula uma cultura digital, libera tempo, une povos e culturas. Gera uma nova sociedade. Poderíamos até sugerir que o 5º momento de um projeto educacional via internet fosse um encontro presencial com todos os participantes.

4.5.3 Formas de desenvolvimento de projetos na internet

4.5.3.1 Quanto à origem dos projetos

Os projetos educacionais de internet podem ser classificados de duas formas quanto à sua origem: próprios ou de terceiros.

Projetos próprios

São os projetos concebidos pelos educadores da própria escola. A partir de uma necessidade específica de um educador ou grupo de educadores, eles se reúnem e elaboram o projeto educacional conforme as suas necessidades específicas.

A escola é responsável pelo desenvolvimento e manutenção do ambiente virtual do projeto, bem como pelo acompanhamento de todas as atividades previstas. Esse tipo de projeto é indicado quando a escola disponibiliza educadores já capacitados e ambientados com a internet.

Nessa modalidade a escola é o grande agente de produção; ela é o protagonista.

Projetos de terceiros

São os projetos disponibilizados na internet por outras escolas, núcleos de pesquisas de universidades e empresas de prestação de serviços na área de tecnologia educacional. Esses projetos geralmente possuem um tema que é compartilhado por todas as escolas e locais cadastrados no projeto.

As atividades são definidas pela equipe de terceiros. A escola participa como um agente de contribuição de envio de atividades, de interação entre outras escolas e com sugestões. É um sujeito ativo no processo no sentido de contribuições de suas próprias atividades.

A equipe de desenvolvimento e de manutenção do ambiente virtual do projeto pertence à equipe de profissionais de outras escolas, núcleos de pesquisas de universidades ou empresas de prestação de serviços na área de tecnologia educacional.

As vantagens desse tipo de projeto são: baixo custo financeiro, apoio de outros participantes em estágios mais avançados, facilidade de efetuar trocas de experiências e dirimir dúvidas quanto ao funcionamento dos projetos, além de ser uma ótima forma de aprender a desenvolver projetos educacionais de internet.

4.5.3.2 Quanto à amplitude das atividades

A utilização da internet nas escolas pode ser classificada de duas formas quanto à amplitude das atividades: interescola e intraescola.

Interescola

É a forma de utilização da internet que promove e estimula a participação e integração de diferentes escolas. Educadores e alunos de diferentes escolas interagem numa construção coletiva. Essas atividades agregam a utilização intensa dos canais de comunicação da internet, como salas de chat, e-mails, listas de discussão, dentre outros recursos.

Intraescola

São atividades que, geralmente, buscam uma pesquisa focada e direcionada para um interesse específico do educador conforme seu conteúdo programático. Essas atividades giram em torno de pesquisa e utilizam poucos meios de comunicação da internet. Elas acontecem dentro de um ambiente educacional para atender às suas necessidades específicas.

4.6 Criação de escolas on-line

Até o momento, foram relatadas várias questões sobre a internet na educação, algumas classificações didáticas do uso da internet nas escolas e formas de conexões pelas quais a escola pode optar para interligar-se à rede mundial. Mas como transformar a sua escola numa escola on-line ou virtual?

Uma forma de iniciar essa mutação é a partir da migração das atividades analógicas para digitais, as quais são obtidas a partir da criação de um site para a escola, criando assim o seu ambiente virtual. A partir dela, pais, professores e alunos podem trocar informações conforme suas necessidades.

O ambiente virtual da escola pode conter três áreas distintas, que são:

Institucional

Esse ambiente pode conter o histórico da escola, fotos das suas áreas internas e externas, fotos e e-mails dos professores, o quadro de profissionais, explicações e fundamentações da proposta pedagógica, comentários dos diretores, cursos oferecidos, fotos dos alunos, eventos, serviços oferecidos aos pais, alunos e comunidade em geral.

Por se tratar de uma apresentação institucional, essa parte do site deve ser criada por profissionais da área de design. Caso a escola não disponha destes profissionais, uma sugestão é que os próprios alunos desenvolvam essa página a partir de uma atividade extra-aula com a participação dos professores.

Administrativa

O ambiente para as atividades administrativas visa promover uma interação dos pais com a escola por meio da internet. Nela podem ser disponibilizados lista de material escolar, agenda das atividades (calendário escolar), avisos e resumos das reuniões de pais, lista de discussão para os pais, quadro de avisos e um banco de dados com acesso restrito, que forneça aos pais informações sobre a situação escolar de seus filhos, como frequência, notas, relatórios etc. Dessa forma, a escola cria mais uma forma de aproximação dos pais com a vida escolar dos filhos.

Para o desenvolvimento dessa área, é necessário que a escola já possua um sistema de banco de dados com os controles que serão disponibilizados via internet e verifique com o fornecedor do software de controle acadêmico se o seu programa possui interface para a internet. Também é necessário que esse sistema esteja em perfeito estado de funcionamento nas divisões internas da própria escola.

Educativa/pedagógica

Essa área do ambiente virtual visa disponibilizar atividades pedagógicas para os alunos a partir de projetos desenvolvidos pelos seus professores, ou de projetos de terceiros nos quais a escola esteja envolvida.

As atividades dessa área devem conter, além dos projetos, listas de discussão para os alunos e professores e uma sala de bate-papo, possibilitando uma troca de informações entre eles, ou outros meios de comunicação.

4.6.1 Outras possibilidades para as escolas on-line

O ambiente virtual de uma escola on-line deve ser dinâmico e proporcionar o desenvolvimento de várias atividades, seja para os pais, alunos, professores e/ou visitantes. A seguir, listamos alguns recursos que podem promover os ambientes virtuais educacionais mais interativos. Esses recursos podem ser seções do ambiente virtual de uma escola.

» Cursos a distância: a internet tem se mostrado como uma das ferramentas mais poderosas para a implementação de cursos a distância. A partir dela talvez possamos contar com profissionais com maior nível de atualização, de forma mais rápida e menos onerosa.

» Lista de discussão para pais, alunos e professores: a interação deve ocorrer entre todos os níveis de participantes de qualquer comunidade. A comunicação participativa é a mais privilegiada.

» Sala de chat com agendamentos de participantes convidados: comunicação on-line e em tempo real é uma festa. A interação é dinâmica e motivadora.

» Jornais virtuais: contando com a colaboração e cooperação dos alunos e professores é possível a construção de um espaço para divulgação de notícias em formato jornalístico.

» Pesquisas por disciplinas escolares: tempo e direcionamento muitas vezes são recursos que os professores precisam dispor para suas atividades escolares.

» Cadastramento de sites específicos para pesquisas: nem sempre direcionar as fontes de pesquisas é o mais indicado para os alunos. Professores, alunos e pais podem "depositar" sites já analisados para futuras pesquisas.

- » Músicas on-line (repositório de partituras): a internet pode ser um meio de estímulo do estudo de músicas e/ou para desenvolver atividades com apoio das músicas. Também podem ser acessados sites com músicas on-line, que permitam executar a música na hora, sem que seja necessário "baixar" para arquivos.

- » Índice de busca (diversos e para o próprio site): pesquisas são grandes possibilidades oferecidas pela internet. Nos ambientes devem existir algumas indicações para sites de busca/pesquisa (Google, Yahoo, Cadê etc.).

- » Enciclopédias digitais com gifs: a construção de páginas fica mais fácil quando temos à disposição galerias de imagens.

- » Emissão de cartões de Natal, aniversário, amizade etc.: a aprendizagem pode ocorrer de forma lúdica e com muita diversão.

- » Repositório de histórias elaboradas pelos alunos: o computador tem sido largamente utilizado para o desenvolvimento e aprimoramento do ato de escrever. Na internet, podemos ser leitores e autores simultaneamente.

- » Resenhas de livros: com a velocidade das mudanças ocorridas na sociedade, necessitamos de acessos rápidos às informações.

- » Poesias infantis: poesia é uma das formas de estimular a paixão e o amor inerentes aos seres humanos.

- » Sites de museus: conhecer a história é uma das formas de entendermos melhor o que estudamos.

- » Diversão on-line: jogos dos 7 erros, palavras cruzadas, jogo de memória, quebra-cabeça etc., todos nós temos direito de nos divertir um pouco.

- » Repositório de softwares educacionais: a internet possui um grande acervo de softwares educacionais. Dessa forma, os professores podem aprimorar ainda mais suas atividades com os alunos.

- » Orientações de segurança para utilização da internet: pais, professores e demais educadores devem ter algum controle nessa rede tão aberta.

- » Selo de acreditação: ter referência numa rede mundial de computadores é importante; é uma das formas de termos trabalhos publicados com critérios de segurança. Existem na internet sites ou serviços especializados em certificar os ambientes virtuais.

- » Gestão escolar – disponibiliza informações cadastrais da escola para acessos restritos: esses dados são informações, bem como uma forma de promover a interação com os pais a partir da disponibilização de um banco de dados contendo notas, frequências, avisos e orientações gerais.

- » Cadastro de usuários no site (visando montar banco de dados): estamos na era da informação. Ter dados sobre pessoas é uma das formas de realizarmos diversos tipos de atividade de integração dessas pessoas.

- » Local de anúncios comerciais: comprar faz parte das nossas rotinas diárias. Um shopping virtual de artigos para a educação pode ser um meio para democratizar os recursos disponíveis.

» Realizar parcerias com provedores gratuitos: uma das formas de agilizar a inserção das escolas públicas em projetos de internet é favorecendo-lhes acessos à internet, o que pode ser obtido por parcerias com provedores.

Os itens anteriormente apresentados são exemplos de recursos que podemos disponibilizar numa escola virtual.

Sabemos que muitas escolas ainda não dispõem de tecnologias para o desenvolvimento de seus ambientes virtuais, entretanto, nos encontramos numa fase inicial de incorporação da educação nesses ambientes. Agora é o momento de aprendermos, visto que cada vez mais as instituições de qualquer área estarão inseridas nesse contexto, e mais uma vez a escola e os educadores não podem ser apenas meros expectadores.

4.7 Vantagens e obstáculos quanto ao uso da internet na educação

Por meio dos serviços anteriormente citados da internet (WWW, sala de bate-papo, correio eletrônico, listas de discussão, dentre outros), é possível obter vários ganhos e vantagens pedagógicas. Dentre os principais, podemos citar:

» acessibilidade a fontes inesgotáveis de assuntos para pesquisas;
» páginas educacionais específicas para a pesquisa escolar;
» páginas para busca de softwares;
» comunicação e interação com outras escolas;
» estímulo para pesquisar a partir de temas previamente definidos ou a partir da curiosidade dos próprios alunos;
» desenvolvimento de uma nova forma de comunicação e socialização;
» estímulo à escrita e à leitura;
» estímulo à curiosidade;
» estímulo ao raciocínio lógico;
» desenvolvimento da autonomia;
» permitir o aprendizado individualizado;
» troca de experiências entre professores/professores, aluno/aluno e professores/aluno.

Apesar de todas as vantagens comentadas, nos deparamos com uma série de obstáculos, tais como:

» muitas informações sem fidedignidade;
» facilidade na dispersão durante a navegação;
» lentidão de acesso nos sites em função da baixa qualidade de tráfego de dados via internet;
» facilidade no acesso a sites inadequados para público infantojuvenil;

» excesso de informações, o que dificulta a seleção;

» favorecimento de comportamentos de isolamento em função da priorização das relações apenas pelos ambientes virtuais.

Caberá aos diversos atores educacionais ficarem atentos às ocorrências dos ambientes educacionais para determinar as ações a serem desenvolvidas para melhorar o desempenho de seus alunos e demais favorecidos.

Vamos recapitular?

Neste capítulo, você aprendeu diversas formas de realizar projetos educacionais com recursos da internet. Inicialmente, foram apresentadas as formas de realização de pesquisa e como podemos diminuir os riscos de obter informações não confiáveis nos sites pesquisados.

Uma das principais formas de elaborarmos projetos com o uso da internet é estimular as pesquisas, posteriormente privilegiando a criação de conteúdos para a publicação em sites, blogs e nas redes sociais. Ao longo de todo o projeto, é importante estimular a comunicação entre os envolvidos como uma forma de promover uma maior interação entre eles.

Os projetos de internet na educação podem ser desenvolvidos para atender às demandas específicas de uma escola ou para favorecer a interação entre escolas e possíveis parceiros, os quais podem ter como foco assuntos pontuais com visão disciplinar ou multidisciplinar.

Também é importante, ao desenvolver qualquer projeto na internet a definição das regras de convivência, o que faz reduzir a possibilidade de conflitos entre os participantes.

Por fim, apesar de estarmos numa sociedade digital, existem vantagens e obstáculos no desenvolvimento de um projeto educacional via internet, cabendo aos diferentes atores estarem atentos para suas oportunidades de melhorias.

Agora é com você!

1) Em sua opinião, quais são as vantagens e desvantagens das comunicações escritas pela internet durante os projetos educacionais? Qual é a sua opinião sobre as questões das redações quanto à utilização das regras da língua portuguesa?

2) Imagine que você foi chamado para desenvolver um projeto educacional utilizando a internet. Quais os passos que você utilizaria para elaborar tais projetos pela internet? Simule um projeto tendo como referência as várias orientações e dicas repassadas neste capítulo.

3) Localize um site que possa ser utilizado para orientar algum tema de um projeto educacional e efetue a sua análise conforme o modelo proposto neste capítulo.

4) Com base em todo o conteúdo deste capítulo, quais são as principais vantagens e desvantagens do uso da internet na educação?

5

Uso de Softwares como Materiais Didáticos

Para começar

Neste capítulo, você aprenderá a classificar os softwares conforme suas finalidades educacionais, a avaliá-los para o uso no ambiente educacional, bem como conhecer formas para adquiri-los e utilizá-los para elaboração de projetos educacionais.

5.1 Software: material didático para uso com computadores

Várias vezes nos questionamos: o que devemos fazer com o computador no ambiente educacional? Ensinamos com o computador? Aprendemos com o computador? De que forma o computador é utilizado no processo ensino-aprendizagem?

Até o capítulo anterior, tivemos como foco o uso da internet como recurso didático. Neste capítulo, apresentaremos um novo enfoque quanto à utilização do computador como ferramenta pedagógica. Vale lembrar que antes da internet os computadores já eram utilizados em ambientes educacionais com as diversas opções de softwares.

O que verificamos é uma grande diversidade de softwares disponíveis no mercado, e entre eles o software educacional. O que de fato vem a ser um software educacional? Existem, basicamente, duas conceituações:

» Programa desenvolvido especificamente para finalidades educativas, muitos deles atendendo uma necessidade específica disciplinar.

» Qualquer programa que seja utilizado para atingir resultados educativos. Esses softwares não foram desenvolvidos com finalidades educativas, mas podem ser utilizados para esse fim. Exemplo: editores de texto, planilha eletrônica etc.

5.2 Características dos softwares e suas aplicabilidades

Os softwares de um modo geral podem ser classificados em grandes grupos com as seguintes características:

» Tutoriais: são os softwares que apresentam conceitos e instruções para realizar algumas tarefas em específico; geralmente possuem baixa interatividade. Os conceitos se limitam ao enfoque da equipe de desenvolvimento, o que muitas vezes não coincide com a necessidade e abordagem da orientação do professor. Como exemplo dessa classificação, podemos citar o programa Introdução ao Micro, do Senac.

» Exercitação: são os softwares que possibilitam atividades interativas por meio de respostas às questões apresentadas. Com esses softwares, os professores podem inicialmente apresentar conceitos dos seus conteúdos disciplinares, na sala de aula sem tecnologia e, por fim, efetuar exercitações sobre tais conceitos no computador a partir da utilização de softwares de exercitação. Com os conceitos analisados com outros recursos, principalmente materiais concretos, facilmente os alunos poderão se deliciar com as aventuras oferecidas pelos softwares de exercitação.

» Investigação: nesse grupo encontramos as enciclopédias. Por meio desses programas, podemos localizar várias informações a respeito de assuntos diversos. Com o advento da internet, muitos questionam sobre a real necessidade de obtermos os programas de investigação, visto que, por meio dela, é possível pesquisar a qualquer momento e sobre qualquer assunto. Entretanto, vamos nos deparar com uma série de informações desnecessárias, incorretas e, muitas vezes, mal elaboradas, cabendo ao professor efetuar as devidas análises com seus alunos. Os programas de investigação agilizam a localização das informações mais adequadas e seguras.

» Simulação: nada melhor do que poder visualizar digitalmente grandes fenômenos da natureza, ou fazer diferentes tipos de experimentos em situações bastante adversas. Nesse grupo, temos os simuladores de voos, os gerenciadores de cidades, de hospitais e de safáris. Esses softwares exigem maior habilidade por parte dos professores quanto à análise dos possíveis acontecimentos. Os softwares simuladores são recursos significativos para o aprendizado e atrativos para os alunos e professores. Geralmente, o tempo estimado para a utilização desses softwares é grande, ou seja, em muitos casos não é possível concluir todas as suas opções dentro de uma grade horária de 50 minutos.

» Jogos: são os softwares de entretenimento, geralmente indicados para atividades de lazer e diversão. Com certeza, os jogos apresentam grande interatividade e recursos de programação muito sofisticados. Os jogos sofrem grande preconceito na área educacional, pois é comum ouvirmos professores informando aos pais que os alunos usam o ambiente de informática para aprender, com propósitos apenas educacionais, mas os jogos também são grandes ferramentas de que os professores dispõem para ministrar aulas mais divertidas e atraentes aos alunos. Existem muitos jogos que podem ser utilizados para finalidades educativas. Você já pensou em ensinar ângulos utilizando um software de gorilas? Ou ensinar os movimentos por meio de softwares de corrida de automóveis?

» Abertos: são os de livres produções. O que será elaborado depende muito da criatividade do usuário. Oferecem várias ferramentas, que podem ser relacionadas conforme o objetivo a ser atingido. Dentre eles, podemos citar os editores de textos, os bancos de dados, as planilhas eletrônicas, os programas gráficos, softwares de autoria, softwares de apresentações e os de programações.

Os editores de textos são softwares que apresentam vários recursos de elaboração de textos, tornando mais fácil e rica a produção de trabalhos, visto que por meio deles é possível incluir diversos tipos de fontes, estilos, bordas, figuras, margens, parágrafos. Os editores de textos ajudam no desenvolvimento das habilidades linguísticas. Com eles é possível elaborar atividades de criação de relatórios, cartas, poesias, músicas, entrevistas, caça-palavras, palavras cruzadas, cartazes, cartões, livros e jornais. A criatividade depende do professor.

Os editores de textos podem ser utilizados por professores de qualquer disciplina, para qualquer projeto e a partir dos níveis escolares básicos.

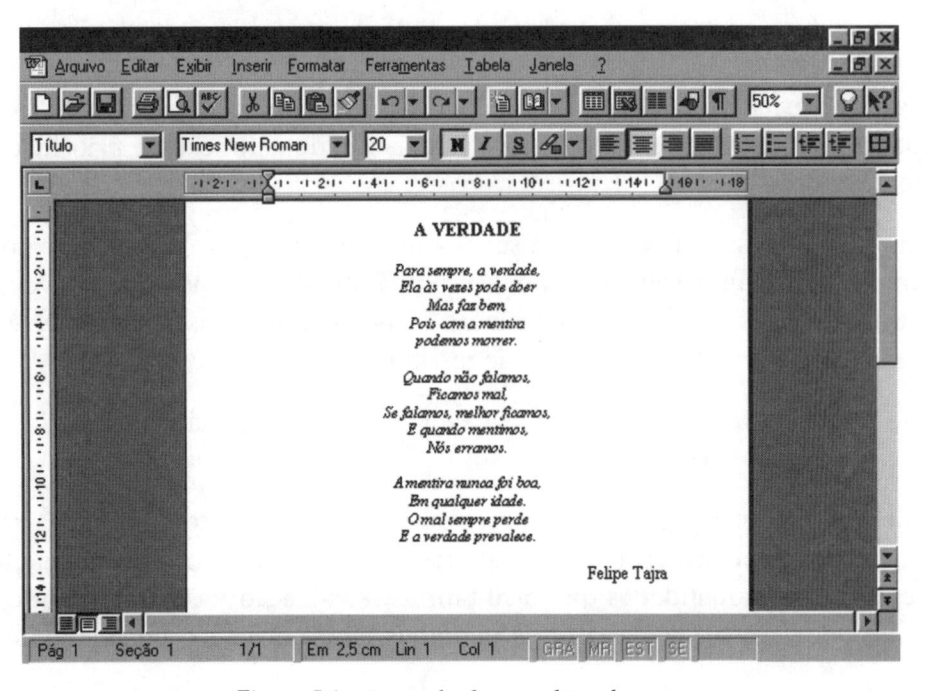

Figura 5.1 – Exemplo de um editor de texto.

Os bancos de dados possibilitam o arquivamento de informações que posteriormente podem ser relacionadas a diversos tipos de análises e ordenações, conforme o interesse do usuário. Com o banco de dados, por exemplo, o professor de Geografia pode efetuar, juntamente com os alunos, uma coletânea de informações sobre países, como nome do país, extensão territorial, população, etnias, religiões etc. e, em seguida, efetuar uma série de comparações entre os países para uma posterior análise.

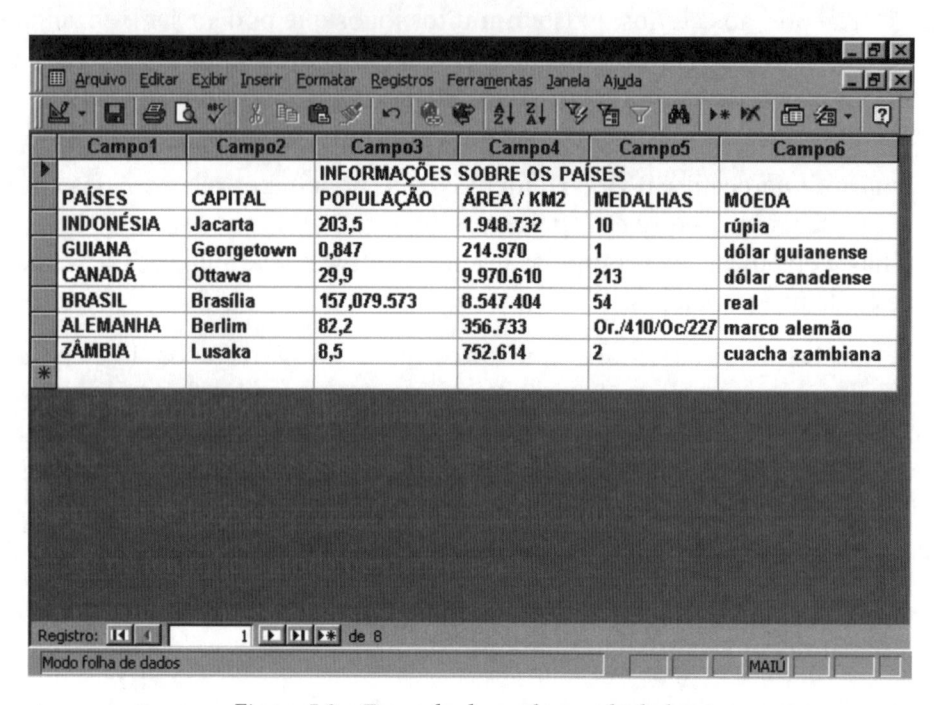

Campo1	Campo2	Campo3	Campo4	Campo5	Campo6
		INFORMAÇÕES SOBRE OS PAÍSES			
PAÍSES	CAPITAL	POPULAÇÃO	ÁREA / KM2	MEDALHAS	MOEDA
INDONÉSIA	Jacarta	203,5	1.948.732	10	rúpia
GUIANA	Georgetown	0,847	214.970	1	dólar guianense
CANADÁ	Ottawa	29,9	9.970.610	213	dólar canadense
BRASIL	Brasília	157.079.573	8.547.404	54	real
ALEMANHA	Berlim	82,2	356.733	Or./410/Oc/227	marco alemão
ZÂMBIA	Lusaka	8,5	752.614	2	cuacha zambiana

Figura 5.2 – Exemplo de um banco de dados.

Por meio dos bancos de dados, os alunos podem imprimir relatórios com filtros de informações. Dessa forma, eles desenvolvem atitudes de associação, de definição de prioridades, de lógica e hierarquização de informações.

Por exemplo, o professor de Geografia solicita um trabalho sobre os países, conforme comentado anteriormente. Entretanto, solicita relatórios comparativos, contendo apenas a extensão territorial e a população dos países. A partir dessas informações selecionadas, o aluno deve elaborar uma análise da relação entre a população e a extensão territorial.

O mesmo pode ocorrer para as disciplinas de Português, Matemática, História e outras, como também para os projetos da escola.

As planilhas eletrônicas possibilitam a realização de cálculos, de uma forma rápida, a partir dos dados informados e, posteriormente, a elaboração de gráficos em formatos de barras, linhas, pontos, setores e outras modalidades que facilitam a visualização das informações. Um exemplo de atividade que pode ser realizada com as planilhas eletrônicas é o ensinamento de controles financeiros, a partir das quatro operações matemáticas, além de cálculos de percentuais. O professor pode simular as entradas de dinheiro dos alunos a partir de suas mesadas, e as despesas, a partir dos gastos que eles têm com lanches, revistas, cinemas etc.

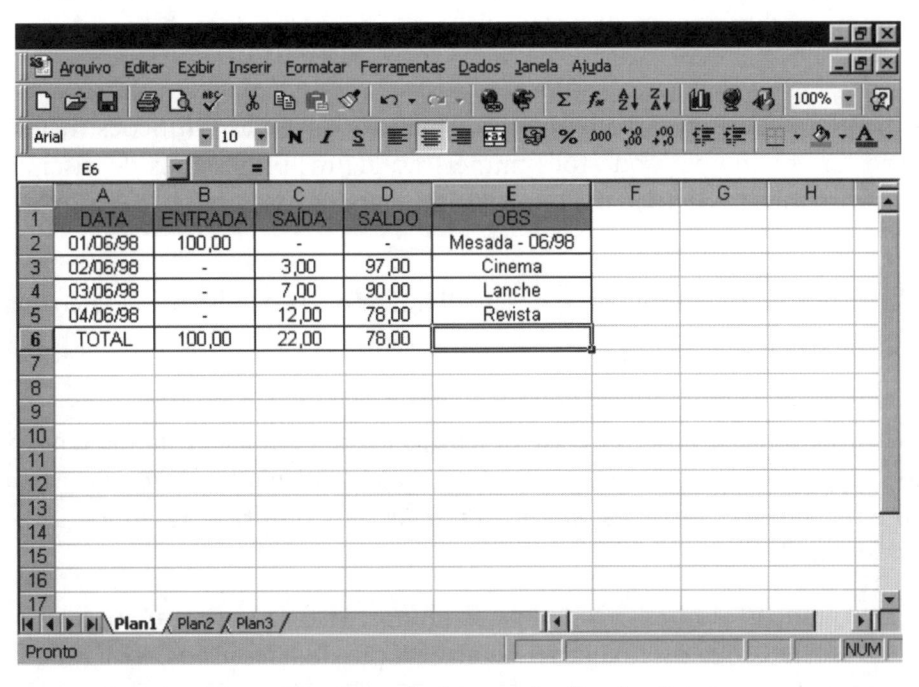

Figura 5.3 – Exemplo de uma planilha eletrônica.

Com esses dados constrói-se o seguinte gráfico:

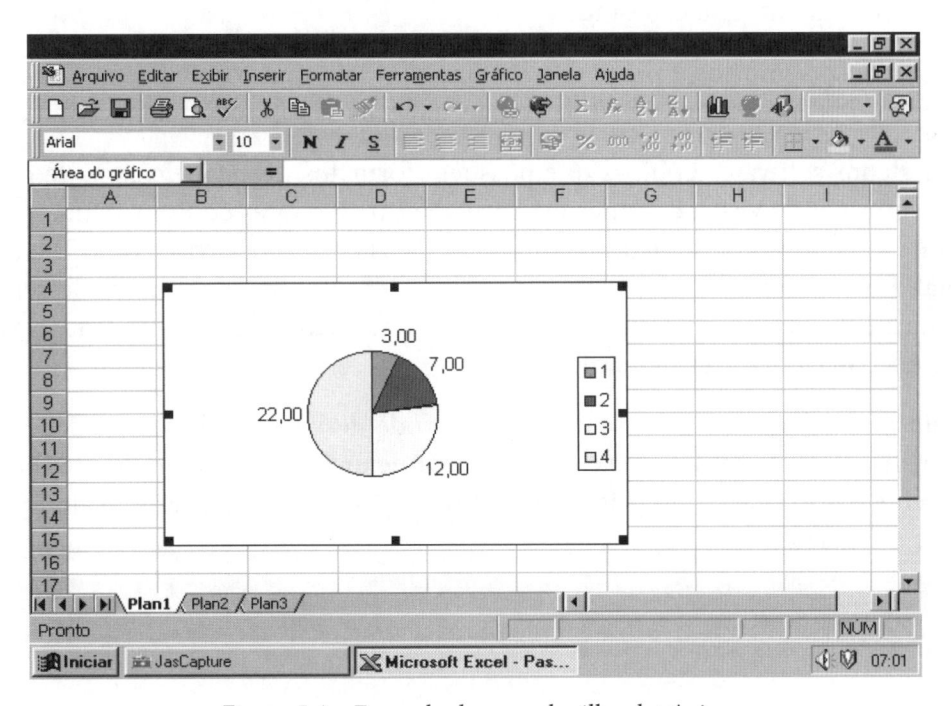

Figura 5.4 – Exemplo de uma planilha eletrônica.

A partir do gráfico, o professor deve elaborar uma análise das despesas, como: qual o percentual de cada uma das despesas em relação à despesa e à receita total? Os gastos são adequados?

As planilhas eletrônicas possibilitam uma representação numérica em formato gráfico. Por meio desse recurso, os alunos aprendem as diferentes utilidades de cada um dos tipos de gráficos disponíveis no Excel.

Com as planilhas eletrônicas podem ser trabalhadas fórmulas e funções matemáticas. Apesar de esse aplicativo ser voltado para questões numéricas, alguns professores de disciplinas da área de humanas estão desenvolvendo atividades por meio dele, aproveitando a sua estrutura de colunas, células e linhas.

As planilhas eletrônicas estimulam o desenvolvimento das habilidades lógico-matemáticas e de interpretações gráficas.

Os softwares gráficos são aqueles voltados para a elaboração de desenhos e produções artísticas. Com esses programas é possível criar desenhos sobre os mais variados temas; o aluno pode utilizar clip-arts a partir do próprio programa ou adquiri-los isoladamente em revistas ou em lojas de distribuição e revenda de softwares, e ainda criar os seus próprios desenhos de acordo com sua imaginação e criatividade.

Os softwares gráficos são bem aceitos pelos alunos, visto que por meio deles são disponibilizadas diversas ferramentas que os auxiliarão na elaboração dos desenhos, tornando mais fácil e ágil a produção dos trabalhos. Nesse grupo de classificação de softwares, poderíamos ainda incluir os softwares de captura de imagens, que possibilitam, com a utilização do scanner, extrair imagens de fotos, revistas, jornais para o formato de arquivo, podendo a partir daí efetuar diversas mudanças para melhorar a própria imagem capturada.

Com os softwares gráficos é possível trabalhar com três tipos de imagens: clip-arts, desenhos elaborados pelos próprios usuários ou ainda com as imagens capturadas pelos scanners.

Existem alguns softwares gráficos que possuem formatos preestabelecidos de produções, tais como: convites, cartões de visita, calendários, envelopes, marcadores de livro, banners e outras. Esse tipo de software é muito utilizado para trabalhos em datas comemorativas, como Dia das Mães, Dia dos Pais, Natal, Festas Juninas. Caso o software gráfico disponível na escola não apresente as características anteriormente citadas, é possível criar os convites, cartões de visita, calendários etc. a partir do software gráfico que estiver à disposição.

Por meio de um software gráfico, o professor pode desenvolver uma atividade que relacione aspectos linguísticos e pictóricos. Por exemplo: a partir de um texto, o aluno deve elaborar um cenário que represente o texto fornecido pelo professor ou, a partir de um cenário, o aluno deve elaborar um texto sobre o cenário.

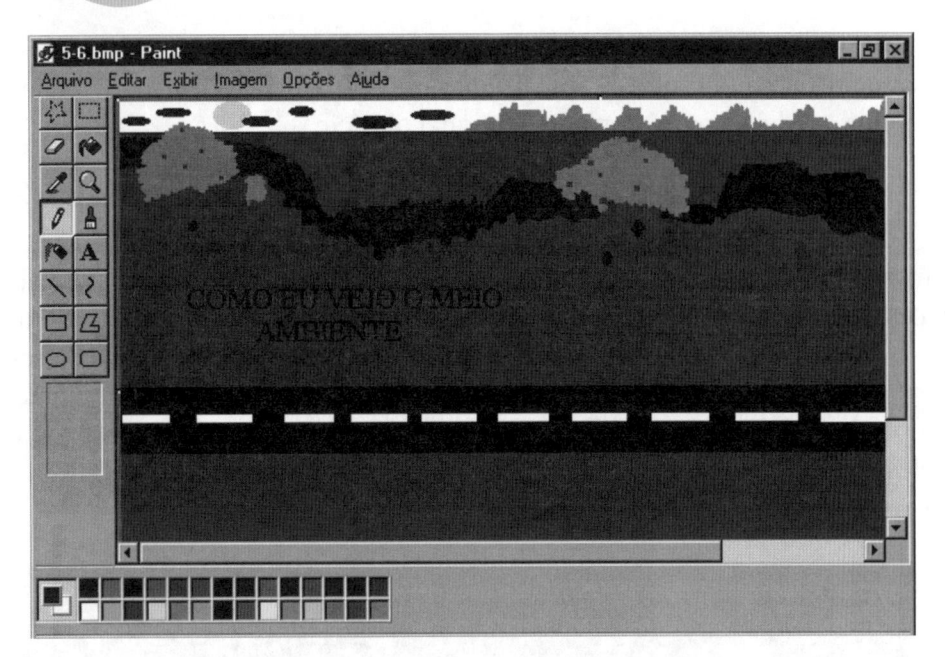

Figura 5.5 – Exemplo de um software gráfico.

» Softwares de autoria: com certeza, esse tipo de software é um dos mais gratificantes para professores e alunos. Você já pensou em desenvolver as aulas utilizando um software com os recursos de multimídia e sem grandes complicações? Isso pode ser feito com os softwares de autoria.

Eles funcionam como um aglutinador de produções elaboradas em outros softwares. Para desenvolver produções nesses softwares, primeiramente, é necessário preparar uma análise lógica de apresentação que resumidamente podemos descrever da seguinte forma:

1) Escolha um tema para a produção da aula.

2) Monte a sequência de apresentações, que pode conter fotos, animações, textos, desenhos, sons etc.

3) Elabore perguntas e possíveis respostas sobre o assunto da aula. Dependendo do software de autoria utilizado, é possível elaborar diferentes tipos de atividades de exercitação.

4) Selecione gravações sonoras que podem ser obtidas a partir de sons previamente gravados em softwares musicais e/ou gravações com as vozes dos alunos e de outras pessoas.

5) Efetue as produções citadas, como desenhos, textos, animações, captura de imagens e sons, a partir dos aplicativos que você possui no seu computador.

6) Utilize o software de autoria para aglutinar todas as suas produções conforme a sequência predefinida.

7) Insira as atividades de exercitação.

8) Exiba a sua aula.

A grande vantagem dos softwares de autoria, além da facilidade de manuseio que eles possuem, é que o professor pode montar rapidamente uma aula dentro do roteiro e enfoque que ele aborda na disciplina que leciona ou do projeto do qual participa.

Dentre os softwares de autoria disponíveis no mercado nacional e em português, podemos citar o Visual Class, o Everest e o Hyperstudio.

» Softwares de apresentação: esses programas são muito utilizados para elaborar apresentações de palestras e aulas. Possuem recursos de visualização de telas, bem como permitem produções de slides e transparências. Os softwares de apresentação são bem-aceitos pelos alunos, pois eles podem exibir seus trabalhos em forma de apresentação no próprio computador, diferentemente de entregar textos impressos. O mesmo pode ocorrer com o professor que prepara sua aula e utiliza o PowerPoint para exibi-la. Entre esses softwares, o mais conhecido é o PowerPoint.

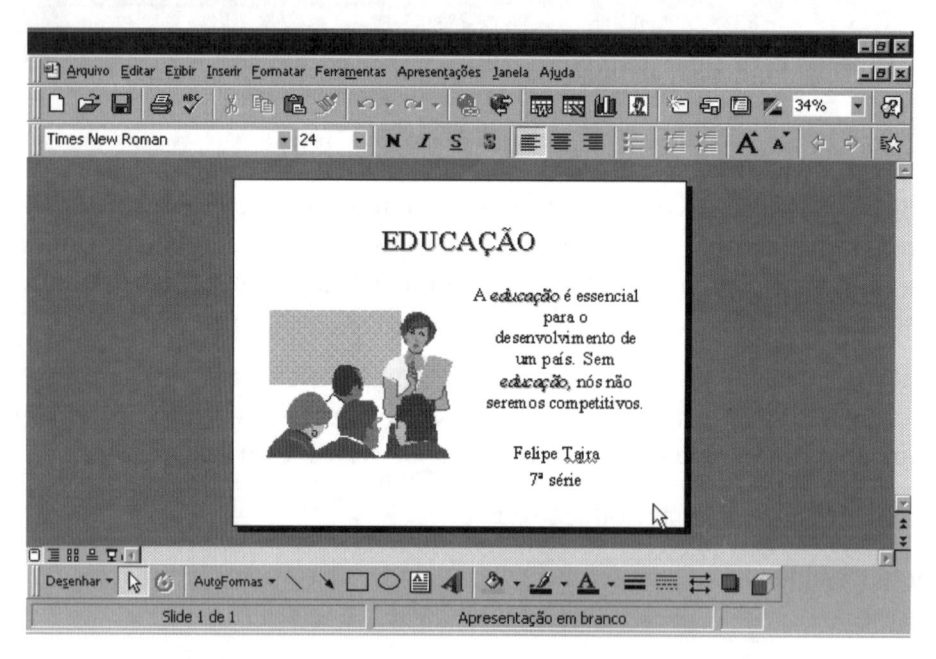

Figura 5.6 – Exemplo de um software de apresentação.

» Softwares de programação: são aqueles que permitem a criação de outros programas, ou seja, de rotinas executáveis. Esses softwares são excelentes para estimular o raciocínio lógico; entretanto, as suas produções geralmente são mais demoradas que as dos softwares anteriormente citados e requerem um bom preparo do professor quanto ao domínio dos comandos do software de programação, bem como uma visão sistemática das rotinas de programação.

Muitos estudos na área psicopedagógica têm apresentado vários resultados positivos com crianças que possuem dificuldades de aprendizagem, de concentração e visão sistemática e lógica, por meio da utilização do Logo. A grande desvantagem desse software é o tempo de produção muito lento, levando às vezes as crianças a situações de desmotivação; portanto, cabe ao professor elaborar meios para motivá-los. O Logo é comumente utilizado para as áreas de desenho geométrico e de robótica. Na robótica, o Logo é muito utilizado com os brinquedos Lego, surgindo daí a parceria Lego-Logo; por intermédio dos comandos no Logo é possível mover as peças no Lego. Também é possível utilizar sucatas para o desenvolvimento de atividades de robótica.

» Híbridos: os softwares com características híbridas são os que apresentam os recursos da multimídia e ainda possuem uma interação com a internet, podendo inclusive ter seus bancos de dados alimentados a partir de informações coletadas em pesquisas pelos sites da internet.

A maior parte dos softwares apresenta simultaneamente várias características dos tipos citados anteriormente. A classificação citada é adequada para explicações didáticas.

5.3 Avaliação de softwares para finalidades educacionais

Para que os professores se apropriem dos softwares como recurso didático, é necessário que estejam capacitados para utilizar o computador como instrumento pedagógico.

Por meio da capacitação, os professores vão conhecer os vários recursos que estão à sua disposição e, a partir daí, efetuar a adequação do software à necessidade educacional.

A utilização de um software está diretamente vinculada à capacidade de percepção do professor em relacionar a tecnologia à sua proposta educacional. Por meio dos softwares, podemos ensinar, aprender, simular, estimular a curiosidade ou, simplesmente, produzir trabalhos com qualidade.

A partir do momento em que a escola disponibilizar para o professor softwares como auxílio para as aulas, é importante que o professor efetue uma avaliação para que possa utilizá-lo de forma adequada às suas necessidades, verificando, inclusive, os recursos oferecidos pelo próprio programa. O ideal seria que o professor efetuasse uma análise do programa antes de este ser adquirido pela escola, para evitar a compra de um programa que não seja apropriado à sua necessidade. Como nem sempre isso é possível, a avaliação acaba ficando para uma situação posterior.

Veja em seguida um modelo de ficha de avaliação de software, que visa facilitar ao professor a análise do software e a adequação às suas necessidades.

Ficha de Avaliação de Softwares (Programas) Educacionais
Responsáveis pela avaliação do software: *Professora Sanmya Tajra*
IDENTIFICAÇÃO DO SOFTWARE
1. Nome: *My Own Stories*
2. Autor(es): *não foi possível identificá-lo(s).*
3. Empresa: *MECC*

4. Tipo de software:

( ) Tutorial ( ) Investigação
( ) Simulação ( ) Exercitação
(X) Aberto (X) Editor de Texto
 (X) Gráfico
 ( ) Banco de Dados
 ( ) Planilha
 ( ) Programação
 ( ) Autoria
 ( ) Outros _____

5. Público-alvo: (faixa etária, escolaridade, outras informações)

Crianças acima de 6 anos de idade ou em fase pré-escolar.

6. Configuração do equipamento necessário:

Modelo mínimo do computador: varia conforme a versão
Tipo de vídeo: varia conforme a versão

AVALIAÇÃO QUALITATIVA

1. Objetivos propostos:

Trabalhar a alfabetização a partir de figuras e cenários, exercitar a escrita e a construção de histórias, desenvolver as habilidades linguísticas a partir de cenários previamente definidos.

2. Pré-requisitos:

Estar iniciando o processo de alfabetização sistemática.

3. Indicação para as disciplinas:

Português, Artes, Inglês, Geografia, História e os diversos temas transversais.

4. Exemplos de atividades que podem ser desenvolvidas com a intermediação do software:

Atividades lúdicas e de exercitação de escrita.

5. Oferece diferentes níveis de dificuldades?

Não. O professor é quem estabelece o grau de dificuldade de acordo com as atividades a serem estabelecidas em seu projeto.

6. Oferece feedback?

Ele não oferece resultados de acertos e de erros. O usuário usa os recursos disponíveis de acordo com a sua criatividade.

7. Tempo sugerido para utilização:

Ilimitado, de acordo com o objetivo das atividades previstas pelo professor.

8. É interativo?

A interatividade é unilateral, pois apenas o usuário constrói seus cenários e suas histórias, não havendo uma resposta do programa.

9. Telas, gráficos e textos são adequados?

Os diversos cenários e as figuras são bonitos e possuem um grande número de cores, entretanto, não apresentam uma qualidade de imagem muito adequada.

10. Comentários:

O software permite a impressão das produções, entretanto, requer uma impressora colorida, de preferência a jato de tinta ou a laser. Apesar de os comandos estarem no idioma inglês, é possível utilizá-lo facilmente, visto que a maior parte das suas operações é apresentada em forma de ícones.

A escola, ao adquirir um software, deve estar sempre atenta às questões legais de direitos autorais. Ela deve comprar uma cópia autorizada para uma máquina, e licença de uso para as demais. Caso seus equipamentos estejam instalados em rede, deve comprar softwares multiusuários e com a licença de uso para a quantidade de máquinas interligadas à rede.

5.4 Desenvolvimento de aulas com diferentes modalidades de softwares

A partir da capacitação do professor quanto à utilização de diferentes programas e ao entendimento das características dos softwares, ele está apto a planejar atividades educacionais utilizando o computador como ferramenta pedagógica. Como instrumento de planejamento de atividades, deve-se elaborar projetos ou planos de aula.

A estratégia de elaboração de projetos ou planos de aula dará ao professor maior segurança em relação às atividades e procedimentos que devem ser adotados antes da realização prática das aulas. Sugerimos que seja utilizado um modelo padrão em cada escola, conforme as definições prévias que atendam às suas necessidades. Em seguida, acompanhe uma proposta de modelo que pode ser utilizada tanto para o planejamento de aulas como de projetos.

Projeto Educacional com a Utilização de Softwares como Ferramenta Pedagógica

Recurso tecnológico utilizado: (informe os nomes dos programas que serão utilizados).

Acessórios utilizados: (informe os nomes dos acessórios).

Nome do projeto: (defina um nome para o projeto/aula que dê significado à atividade proposta).

Séries/ciclos envolvidos: (caso o projeto/aula envolva mais de uma série/ciclo, verifique as providências necessárias para que ocorra a integração das turmas).

Objetivo do projeto: (defina o que está sendo almejado no desenvolvimento do projeto como um todo, ou seja, o objetivo geral do projeto/aula. Defina de forma ampla).

Disciplinas envolvidas: (caso você desenvolva um projeto interdisciplinar ou multidisciplinar, liste as áreas de conhecimento envolvidas. Dessa forma fica mais fácil promover a reflexão entre elas).

Planos de aula: (em seguida, defina para cada aula o objetivo a ser alcançado, a estratégia e a forma de avaliação).

Objetivo (o que pretende atingir)	Estratégia (como será a aula)	Avaliação (como será avaliado)

Recurso Tecnológico Utilizado: Windows

Acessórios Utilizados: (X) Wordpad   (X) Paint   ( ) Calculadora

( ) Catálogo de endereços   ( ) Calendário

( ) Papel de Parede   ( ) Jogos

Outros:_____

Nome do Projeto: Prevenindo a Dengue

Séries/Ciclos Envolvidos: 3ª à 4ª série

Objetivo do Projeto: Promover atitudes de prevenção e combate à dengue.

Disciplinas Envolvidas: Português, Matemática, Ciências e Arte.

Planos de Aula

Objetivo (o que pretende atingir)	Estratégia (como será a aula)	Avaliação (como será avaliado)
1ª Aula		
Sensibilizar quanto às causas e efeitos da dengue	Pesquisar na biblioteca da escola ou na internet sobre a dengue: como ela prolifera, como podemos evitá-la, os sintomas e o que fazer caso uma pessoa manifeste os sintomas. Promover uma discussão verbal entre os alunos, solicitando que anotem em seus cadernos as principais questões.	Participação dos alunos nas questões discutidas.
2ª Aula		
Levantamento de dados sobre a dengue	Agendar uma visita a uma Unidade de Saúde e fazer entrevista com um agente de saúde para saber quantos casos ocorreram, quantos foram curados, quantos resultaram em óbito e quais outros dados quantitativos estão relacionados com a dengue. Os alunos devem ir para a entrevista com um roteiro prévio sobre o que desejam saber, conforme as discussões da aula anterior. Em sala de aula, cada aluno deve dar um parecer sobre a entrevista realizada com o agente de saúde.	A partir da elaboração das entrevistas.
3ª Aula		
Elaboração de uma cartilha sobre a dengue	Os alunos em grupo devem elaborar uma cartilha contendo os assuntos discutidos em sala. Para elaborar a cartilha, os alunos devem utilizar o Wordpad e o Paint. Além da cartilha, os alunos devem elaborar painéis e cartazes contendo as informações colhidas e montar um mural para que todos os alunos da escola possam tirar suas dúvidas. Para elaborar os painéis e/ou cartazes pode-se utilizar o Wordpad e o Paint.	A partir da análise da elaboração das cartilhas.

Objetivo (o que pretende atingir)	Estratégia (como será a aula)	Avaliação (como será avaliado)
4ª Aula		
Promover uma sensibilização em toda a escola para a prevenção e cura da dengue	De posse das cartilhas, deve ser agendada uma visita dos alunos às demais salas de aula da escola para divulgar as suas pesquisas. Após as visitas, os alunos devem voltar a se reunir em sala de aula para discutir o desenvolvimento de todo o trabalho. Por fim, deve ser solicitado aos alunos um relatório conclusivo do projeto.	A partir da análise do relatório conclusivo elaborado coletivamente entre os alunos.

A elaboração de planos de aulas prevendo a utilização dos computadores tem sido, na prática de formação de professores, uma excelente estratégia para fazer com que o professor perceba mais claramente o computador como ferramenta pedagógica, pois ao pensar como desenvolver uma aula ele já estrutura uma possibilidade do uso do computador.

Após a elaboração dos projetos e/ou planos de aula, o professor aplica em sala as suas estratégias. Posteriormente, em reuniões de planejamento discutem-se as ocorrências, as dúvidas, os acertos, as dificuldades e o andamento da aula com outros professores. Dessa forma é possível promover um processo de aprendizado por meio de diálogos e trocas de experiências de forma significativa.

5.5 Alternativas de softwares para as escolas

Apesar da gama de softwares existente no mercado nacional, as escolas se deparam com o problema do alto custo para a aquisição dos softwares, e quando é efetuado o cálculo do seu custo multiplicado pelo número de máquinas, torna-se mais complexa a questão de disponibilizar a quantidade necessária de software para utilização nos ambientes de informática.

Uma das formas que as escolas estão encontrando para ter maior variedade de softwares em seus laboratórios é a aquisição de *sharewares*, que são programas demonstrativos, disponibilizando apenas parte de suas opções; apesar de não estarem disponíveis todas as suas opções, em vários casos eles são perfeitamente utilizáveis.

Alguns desses softwares possuem um limite de tempo para uso, entretanto outros não possuem esse limite; neste caso, o usuário pode utilizá-lo por tempo indefinido, mas sabendo que, para obter as demais opções do programa, deve comprá-lo.

Outra forma de adquirir softwares educacionais é por meio da localização dos freewares, programas livres com todas as suas opções disponíveis, para os quais não são cobradas taxas de utilização dos usuários.

Para localizar esses programas, a escola pode optar por entrar em contato com distribuidores de sharewares e freewares, ou capturá-los pela internet.

Planejar atividades educacionais com apoio dos computadores requer do professor maior tempo e maior capacidade de criação. O professor deve investigar e conhecer bem os propósitos do software escolhido e ficar atento ao momento adequado para a sua introdução. A aula deve ser dinâmica e os softwares utilizados devem estar relacionados com as atividades curriculares dos projetos e estimular a resolução de problemas.

Vamos recapitular?

Aprendemos neste capítulo as diversas modalidades de softwares existentes no mercado que podem ser utilizados nos projetos educacionais como recursos didáticos, além de todas as outras possibilidades já apresentadas em relação aos recursos da internet. Também se pode perceber que o que classificará um software como educacional ou não é a sua utilização. Neste sentido, o educador pode contar com softwares abertos, tutoriais, exercitação, simulação, dentre outros e que, conforme as necessidades dos educadores, poderão ser utilizadas diversas modalidades para incrementar as aulas, tornando-as mais dinâmicas e prazerosas para os alunos.

Foi também ressaltada a importância da avaliação de um software antes de utilizá-lo como recurso didático, pois compete ao educador efetuar uma verificação prévia dos seus atributos para melhor utilizá-los em sala de aula para assim efetuar um bom plano de aula.

Agora é com você!

1) Sabemos que existem diferentes conceituações para softwares educacionais. Em sua opinião, o que é software educacional? Aproveite e pesquise na internet outros conceitos.

2) Explique com suas palavras as diferentes classificações dos softwares conforme a sua aplicabilidade.

3) Elabore uma ficha de avaliação de software a partir do modelo proposto neste livro.

4) Elabore um projeto contando apenas com a utilização dos diferentes tipos de softwares apresentados.

6

Uso de Jornais, Revistas, Blogs e Redes Sociais como Recursos Didáticos

Para começar

Neste capítulo, você conhecerá algumas possibilidades de como utilizar jornais com o auxílio dos computadores como recurso didático, a utilizar jornais, revistas, blogs e redes sociais em sala de aula e como elaborar um projeto de jornal, blog ou rede social no ambiente educacional.

6.1 Uma visão crítica quanto à utilização de jornais, revistas, blogs e redes sociais como recursos didáticos

Atualmente, temos verificado uma grande ação por parte da imprensa escrita e digital em promover a utilização de jornais, revistas, blogs e redes sociais como recursos didáticos nas escolas. Essas ações abrangem crianças do período de pré-alfabetização até as séries mais avançadas, incluindo jovens e adultos.

Diante desse contexto, podemos pensar em algumas situações, tais como: por que as empresas das diversas mídias estão investindo no segmento da educação? É uma estratégia para a formação de novos leitores? É uma preocupação com a melhoria na educação, transformando fatos cotidianos em motivadores para abordagens curriculares? Vale ressaltar que algumas dessas empresas colocam como condição de "inscrição" a assinatura para o acesso à mídia vinculada a tal projeto. Fique atento, pois se trata de um trabalho de marketing institucional, e precisamos ser críticos e estar bem respaldados com valores éticos e morais para tirarmos ganhos de aprendizagem dessa oportunidade.

Os jornais e revistas, impressos ou digitais, os blogs e as redes sociais em geral são um grande veículo de comunicação e de informação. O educador deve estar atento às abordagens das reportagens, visto que as redações dessas mídias muitas vezes utilizam expressões e argumentações com o intuito de atrair a atenção do leitor e promover um retorno comercial.

Vale ainda dizer que algumas reportagens atendem a interesses de grupos específicos ou visões dos seus próprios autores. Algumas reportagens podem ser tendenciosas. Por exemplo: o significado da palavra "amizade" pode ter repercussões diferentes e, provavelmente, um texto sobre amizade terá uma conotação diferente, conforme a pessoa. Qual é a versão válida? Cabe ao educador articular com os alunos uma visão crítica dessa leitura.

6.2 Classificação da utilidade dos jornais, revistas, blogs e redes sociais nas escolas

Existem várias formas de utilização das mídias (jornais, revistas, blogs e redes sociais) nas escolas. Veja duas classificações: quanto à finalidade e quanto à autonomia dos conteúdos.

6.2.1 Quanto à finalidade

» Para fins institucionais: são as mídias desenvolvidas com o intuito de divulgar as atividades de um ambiente educacional, as áreas físicas, o corpo de profissionais e as demais informações que delimitam a imagem dessa instituição; funciona como um instrumento de marketing, para divulgá-la e promovê-la.

» Para fins educativos: são as mídias que possuem matérias e reportagens desenvolvidas pelos próprios alunos e educadores. Essas mídias servem como instrumento motivador para o desenvolvimento da leitura e da escrita. As matérias e reportagens estão relacionadas aos projetos trabalhados pelos próprios alunos e educadores.

» Híbridos: quando existem as duas características anteriormente citadas numa mesma mídia.

6.2.2 Quanto à autonomia dos conteúdos

» Independente: quando os conteúdos das mídias são utilizados apenas para estimular a leitura e análise crítica dos textos. Nesta classificação, as produções de matérias são desenvolvidas a partir dos temas dos projetos da escola, sem intermediação das mídias externas.

» Interdependente: ocorre quando utilizamos algum conteúdo do mercado para o desenvolvimento das diversas mídias da escola. As matérias a serem publicadas são originadas de matérias preexistentes em outras mídias.

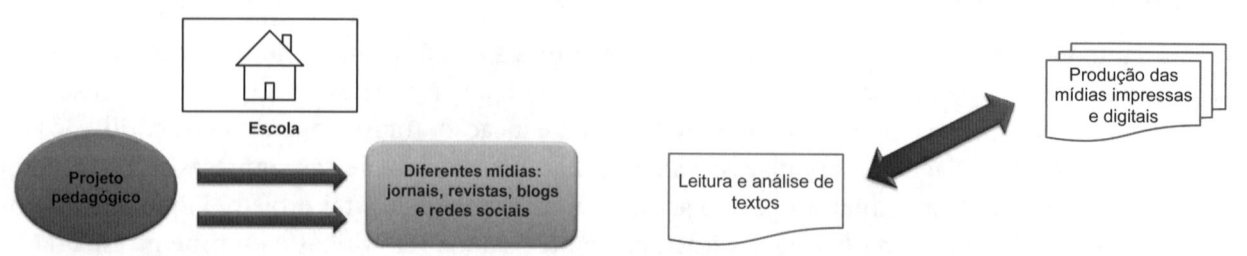

Figura 6.1 – Modelo independente do uso das mídias.

Figura 6.2 – Modelo interdependente do uso das mídias.

Algumas escolas também utilizam os conteúdos de jornais, revistas, blogs e redes sociais como fontes bibliográficas para estudos disciplinares e de seus projetos. Neste caso, o educador deve estar atento à veracidade e às tendências das informações, conforme já comentado anteriormente. Essa estratégia de repasse de conteúdo escolar por meio da utilização das informações publicadas nas diversas mídias favorece o objetivo de dar significado aos conteúdos educacionais com o mundo real vivenciado pelo aluno.

Veja em seguida um exemplo dos passos para o desenvolvimento prático de uma atividade com a utilização da situação interdependente de jornais. Essa mesma estratégia pode ser utilizada com revistas, blogs e redes sociais.

1) Apresente o jornal por inteiro (capa, cadernos).
2) Apresente os elementos que o compõem:
   » Textos: títulos, editoriais, expediente, manchetes.
   » Gráficos: diagramação, figuras, cores, bordas.
   » Aspectos físicos: tipo e gramatura de papel, número de páginas, tamanho do papel.
3) Escolha um tema a ser trabalhado e por vários dias verifique junto com os alunos as matérias publicadas nas diversas mídias que estejam relacionadas a esse tema.
4) Proponha a elaboração de redações, desenhos, análises estatísticas, entrevistas, músicas ou qualquer forma de expressão que represente o assunto em estudo.
5) A partir das produções citadas, publique os trabalhos. Quem sabe você consegue imprimir o primeiro exemplar do seu jornal ou publicá-lo num blog ou numa rede social?

6.3 As vantagens do uso das mídias impressas e digitais em ambientes educacionais

Qualquer produção exige do produtor uma prévia preparação e pesquisa. Produzir o quê? Um cartão, um cartaz, um protótipo de um robô, um poema, uma história em quadrinhos, uma pesquisa, um relatório com resultados de um estudo, uma entrevista, um software multimídia, uma apresentação virtual, um desenho; ou produzir tudo isso de uma forma organizada e direcionada para uma possível veiculação em um único meio: jornal, revista, blog ou rede social?

Sabemos que a produção de textos é um dos componentes mais importantes para a consolidação de nossos conhecimentos. Quem se expressa, expressa-se em função de alguma situação e finalidade; quem conclui, desenvolve uma visão crítica sobre algo.

As grandes vantagens na utilização de jornais, revistas, blogs e redes sociais para fins educacionais são:

» estimular a leitura e a escrita;
» proporcionar a formação crítica dos alunos quanto às informações recebidas;
» estimular aprendizado de novos conhecimentos;
» facilitar o acesso aos fatos e acontecimentos na comunidade do aluno, ou mesmo em âmbito global;
» promover uma exposição das ideias elaboradas pelos alunos e educadores;
» estimular o processo de comunicação e interação entre os atores dos conteúdos e seus possíveis leitores.

6.4 Roteiro para elaboração de projetos educacionais em mídias impressas e digitais

Depois de ter conhecido os principais motivos para usar as diversas mídias impressas e digitais como recurso didático e poder usá-las como diferentes canais de disseminação de produções realizadas em qualquer ambiente educacional, o que falta agora é colocar mãos à obra. Veja em seguida algumas sugestões para constituir um projeto nesta modalidade.

1) Escolha uma equipe de educadores e alunos para que sejam os coordenadores e responsáveis pelo projeto.

2) Essa equipe deve definir alguns aspectos metodológicos, tais como:

   » Escolher o nome do jornal, revista, blog ou página na rede social (o que pode ser o resultado de uma competição entre os alunos). Se possível, também sugira um slogan e um logotipo que simbolize o projeto.

   » A linha editorial, ou seja, o que se pretende alcançar, o objetivo do jornal que será lançado.

   » As editorias que serão desenvolvidas: meio ambiente, política, turismo, educação, cultura, comportamento, saúde, esportes etc. Após a escolha das editorias, dê sugestão de atividades a serem publicadas, tais como entrevistas, depoimentos, músicas, poesias, recados, quadrinhos, desenhos, orientações de profissionais especializados, cruzadinhas, caça-palavras, fotos, *cartoons* e outras que forem interessantes para a escola. Tratando-se de uma mídia independente, proponha alguns temas trabalhados na própria escola e a partir deles elabore as produções.

   » Distribuição das editorias entre os educadores e alunos (promova competições para a publicação dos melhores resultados).

3) Defina a frequência em que ocorrerão as atualizações dos conteúdos das mídias. Se for utilizar mídia impressa, defina também a tiragem. Mantenha sempre os conteúdos atualizados para que possa atrair os leitores.

4) Fique atento às questões de divulgação. Será efetuada por e-mail, por compartilhamento nas redes sociais, via mala direta impressa? Quem serão os responsáveis por efetuar essa divulgação?

Fique de olho!

Caso a distribuição ocorra fora do ambiente escolar, o jornal deve ter um jornalista responsável com registro no MTB (nome dado para o registro profissional do jornalista).

5) Verifique a viabilidade econômica. Qual é o custo da produção desta mídia? Quem será o financiador? Terão patrocinadores? Ou todas as publicações serão gratuitas?

6) Quem fará parte da equipe técnica de produção? Quem é responsável pela diagramação? Quantas e quais serão as cores utilizadas nestas mídias? Quem cuidará de todas as questões visuais?

Fique de olho!

Quanto maior o número de cores nos materiais impressos, maior será o custo das publicações.

7) Se a mídia for impressa, verifique onde será impressa. Qual tipo de papel? Qual o tamanho do papel a ser utilizado? Se optar por mídias digitais, tais preocupações não serão necessárias.

8) Não se esqueça de incluir a avaliação durante todo o processo de desenvolvimento deste trabalho. É necessário que a equipe avalie as produções elaboradas; entretanto, após a publicação, é necessário verificar se os resultados esperados foram atingidos. Caso contrário, verifique quais foram os problemas e tome as medidas corretivas para que os erros nãos se repitam. Se as publicações forem em blogs e redes sociais, acompanhe quantas pessoas curtiram, compartilharam e os comentários realizados.

9) Após todos os passos anteriormente definidos, é interessante repassá-los para um cronograma a fim de acompanhar melhor o desenvolvimento das atividades previstas.

Perceba que durante as etapas comentadas o computador é utilizado como instrumento para toda a produção. Podemos destacar como as principais utilidades do computador nessas atividades:

- digitação de todas as matérias;
- elaboração da diagramação – arranjo físico das matérias e imagens;
- criação e inserção de desenhos;
- alteração de fontes, seja para títulos, subtítulos ou textos;
- captura de imagens de livros, revistas, sites em geral etc.;
- como fonte de consulta na internet para a elaboração das matérias;
- elaboração do fotolito (filme utilizado para a reprodução do jornal em sistema de impressão offset), se a produção for impressa;
- manutenção do banco de dados com os nomes das pessoas que acessam as mídias produzidas.

Para a produção de jornais e revistas impressas na escola é possível contar com diferentes tipos de programas, dos mais simples aos mais sofisticados. Escolha em seguida aquele que mais se adapta à sua escola:

- CorelDraw: programa gráfico, muito utilizado para elaboração de desenhos, tratamento de imagens e preparação de desenhos para impressão gráfica. Esse programa não é apropriado para a elaboração de textos, entretanto existem usuários que o utilizam para esta finalidade.
- InDesign: programa de editoração eletrônica profissional, muito utilizado para a produção de livros, revistas, panfletos, materiais publicitários etc.
- Word: programa de editor de texto, não é apropriado para a criação de jornais, entretanto, é possível obter boas produções.
- Photoshop: programa apropriado para captura de imagens a partir de um scanner, bem como tratamento na qualidade de imagens.

Se a escola optar por publicações de páginas na internet, poderá utilizar os programas citados anteriormente, além de necessitar de um editor de sites, sendo os mais conhecidos: Linguagem HTML, Web FrontPage, WordPress e Dreamweaver. Além destes, você pode necessitar de outros softwares complementares para elaboração de desenhos com e sem animação e para produção de sons.

Se sua escolha for a publicação de blogs gratuitos, faça uma pesquisa na internet e identifique os sites que oferecem esses serviços.

Amplie seus conhecimentos

Você sabia que os blogs foram criados para publicação de diários, mas pela grande adesão para divulgar informações, são utilizados inclusive por empresas e pessoas físicas em geral.

Inicialmente, esses diários continham apenas textos, porém com o avanço e a adesão dessa ferramenta, logo os blogs passaram a ser elaborados com fotos, por isso o nome fotolog. Os blogs e fotologs são bastante oportunos para a elaboração de trabalhos com objetivos educacionais (PIVA, 2013).

Vamos recapitular?

Neste capítulo, você aprendeu como utilizar as diversas mídias impressas e digitais como recursos educacionais e que cada vez mais existe uma integração da utilização das matérias produzidas por estas mídias com as propostas pedagógicas em geral. Porém, vale sempre lembrar que a utilização desses recursos requer muita atenção por parte dos educadores, pois estes necessitam efetuar uma análise crítica desses conteúdos para que possam ter uma boa adequação nos ambientes de aprendizagem.

Também foram apresentados passos para constituir projetos com essas mídias, podendo muitas delas serem utilizadas tanto para os conteúdos impressos ou digitais.

Em função do contexto da economia digital que vivemos, a tendência é cada vez mais utilizarmos essas mídias como recurso didático, seja pela sua facilidade de uso, pela interatividade que ela permite, pela sua amplitude de abrangência e pelo seu custo ser bem mais acessível.

A utilização de jornais, revistas, blogs e redes sociais pode ser uma grande oportunidade de otimização e dinamicidade do processo educacional.

Agora é com você!

1) Com base nas reflexões críticas comentadas neste capítulo, quais são as vantagens e desvantagens da utilização das mídias impressas e digitais na educação?

2) Pesquisando na cidade em que você mora ou trabalha, quais são os jornais impressos e eletrônicos existentes. Elabore uma análise das partes que o compõem e faça uma análise crítica dos itens que podem ser incorporados no jornal da sua escola.

3) Para iniciar um processo de atualização de informações diárias tendo como referência os blogs, faça uma lista de assuntos que gostaria de acompanhar e identifique os principais blogs relacionados a esses assuntos.

4) Se você fosse elaborar um projeto educacional utilizando o Facebook como instrumento pedagógico, quais atividades poderiam ser realizadas?

Etapas para Implantação de um Projeto de Tecnologia Educacional

Para começar

Neste capítulo, apresentaremos as principais etapas de implantação e/ou reformulação de um projeto de informática na educação; explicaremos as fases evolutivas da aplicação da informática na educação e abordaremos algumas propostas de layout para ambientes de informática educacional.

Os capítulos anteriores visavam apresentar uma série de informações necessárias para contextualizar o leitor em relação aos principais aspectos que envolvem o uso das tecnologias na educação, desde o posicionamento da escola diante da nova realidade de uma economia digital, a apresentação da internet e dos softwares como um dos instrumentos de apoio pedagógico e várias ideias do que podemos fazer com um computador na sala de aula.

Neste capítulo, você pode visualizar de uma forma clara como elaborar um projeto de informática na educação considerando todos os componentes de um contexto educacional, bem como entender as diversas fases que um projeto desta natureza percorre. Neste caso, abordaremos com especificidade o uso do computador na escola, estendendo-nos ao uso da internet.

Para implantar ou reformular um projeto de informática na educação, podemos optar por uma metodologia a partir dos seguintes passos: diagnóstico tecnológico da escola, do educador e do aluno visando identificar qual é o contexto para o planejamento do uso da informática na educação e, em seguida, a definição de um plano de ação para facilitar e monitorar a execução das atividades previstas no planejamento; capacitação dos docentes e demais agentes multiplicadores da escola; definição da linha pedagógica da escola a partir do conhecimento, pesquisa e definição do uso dos softwares; etapas de um projeto de tecnologia educacional, o impacto dos layouts sobre o processo de ensino-aprendizagem no ambiente de informática; e a própria evolução da aplicação da informática na educação. Veja a seguir cada uma dessas fases.

7.1 Diagnóstico tecnológico: identificando o contexto para o planejamento das ações

Nesse momento, deve ser feito um levantamento da situação atual da escola e do estágio em que se encontram os educadores quanto a seus conhecimentos tecnológicos. Em relação à escola, devem ser analisados os seguintes elementos:

7.1.1 Integração com a proposta pedagógica

A escola deve decidir de que forma deseja utilizar a informática dentro da sua proposta pedagógica. Por exemplo, a informática pode adequar-se a três modalidades: informática como fim em si mesma, informática relacionada a softwares baseados em enfoques disciplinares ou integração da informática em projetos multi, inter e transdisciplinares.

Figura 7.1 – Elementos de um diagnóstico de tecnologia educacional.

7.1.2 Orçamento

Qual parcela do orçamento da escola pode ser disponibilizada para aquisição de computadores e equipamentos em geral e de softwares e para capacitação de educadores? Estima-se que dois terços do orçamento para um projeto de informática na educação devem ser investidos na capacitação dos educadores. A quantidade de equipamentos deve ainda ter como referencial o número total de alunos na escola, bem como a média da quantidade de alunos por sala.

Por exemplo, se a escola possui vinte alunos por turma, deve ter um laboratório com dez máquinas. A média recomendada é de dois alunos por computador, apesar de que, em grandes escolas americanas, já existe a relação de um computador por aluno.

Não existe um padrão único a ser seguido; isso varia muito com a filosofia da própria escola em relação ao uso da informática na educação. Num primeiro momento de implantação, talvez o mais adequado seja a construção de um ambiente específico para a informática. À medida que se nota maior participação dos educadores quanto ao uso dessa tecnologia, a escola deve iniciar um processo de expansão e, quem sabe, colocar computadores em todas as salas de aula e nos laboratórios de química, física, biologia e em outros que se fizerem necessários.

7.1.3 Estrutura da rede de computadores

Ao comprar um computador, estamos comprando uma parte de uma rede mundial: a internet. Não falamos mais em computadores isolados, até mesmo em função da filosofia da globalização, dos softwares multiusuários e da própria internet. A instalação dos computadores em rede no ambiente de informática na educação é importante porque é possível compartilhar impressora, interligar todos os computadores à internet, instalar programas a partir de um único computador, gerenciar níveis de acesso às informações, diminuir o custo de aquisição de softwares.

É bom lembrar que um dos principais ingredientes para manter os alunos motivados é a possibilidade de eles poderem imprimir os seus trabalhos. Infelizmente, existem ambientes de informática na educação que não possuem sequer uma única impressora; os alunos não conseguem materializar seus trabalhos; desta forma, suas produções ficam intangíveis ou apenas disponíveis na internet.

É importante que os alunos concluam todos os trabalhos, incluindo desde o processo de concepção até o momento da impressão, que é o resultado tangível da conclusão do trabalho realizado. Essa consideração é mais aplicável para as crianças das séries iniciais do ensino fundamental e para os idosos. O público mais jovem, provavelmente, optará por publicações na internet como forma de materialização de seus trabalhos.

7.1.4 Espaço físico

Qual espaço físico pode ser disponibilizado para o ambiente de informática na educação, ou até mesmo, haverá computadores em todas as salas?

No ambiente de informática na educação, devem ser verificados os seguintes aspectos: iluminação, temperatura (para os ambientes muito quentes são recomendados aparelhos de ar condicionado), layout para facilitar o gerenciamento das máquinas e o fluxo dos alunos e educadores. É importante que os equipamentos recebam etiquetas de identificação. Desta maneira, quando algum apresentar problemas, ficará mais fácil localizá-lo.

7.1.5 Alunos beneficiados

A partir de que série a informática será utilizada? Vale ressaltar que quanto antes a criança começar o processo de utilização da informática, melhor será para o seu próprio desenvolvimento e relacionamento com o meio, considerando que quase todos os locais que hoje frequentamos já possuem computadores, seja na forma convencional, seja na forma de caixas eletrônicos, máquinas de consultas, caixas de supermercado, tablets, smartphones, etc. Muitas escolas têm iniciado a utilização da informática com crianças acima de três anos de idade, com a frequência média de uma hora semanal. De início, podemos achar que é muito pouco tempo, mas se levarmos em conta a quantidade de anos escolares, este número de horas será razoável. É importante ressaltar que a utilização dos computadores em sala de aula não significa dizer que a escola abdicará dos seus demais recursos disponíveis; ela deve encarar o computador como mais uma ferramenta do processo ensino-aprendizagem.

7.1.6 Metodologias por períodos escolares

Como será utilizada a informática em cada uma das séries ou ciclos? Muitas vezes a metodologia usada para uma faixa etária não se enquadra em outras. Por exemplo, algumas escolas têm optado, para o terceiro e quarto ciclos do ensino fundamental e para o ensino médio, pela utilização de softwares aplicativos, visto que são os mais utilizados no mercado e comumente encontrados em ambientes domésticos. Para a educação infantil e para o primeiro e segundo ciclos do ensino fundamental são mais utilizados os softwares educacionais. Vale ressaltar que em todos os anos é possível utilizar a internet e seus recursos.

7.1.7 Equipe de educadores

Quais educadores estarão envolvidos e quais deverão ser capacitados? Após definida a proposta pedagógica da escola quanto ao uso da informática, os administradores escolares devem direcionar sua ação.

De preferência, deve ser envolvida a maior quantidade possível de educadores nesse novo trabalho, mas nem sempre isso é possível, visto que comumente nos deparamos com resistências profissionais e pessoais.

O importante nesse momento é que a escola possa contar com alguns educadores que de fato estejam disponíveis para esse desafio e cientes de como ocorre o processo. Tais educadores devem tornar-se os multiplicadores dentro do ambiente escolar, funcionando como líderes e motivadores para que outros educadores possam vir a atuar nesse ambiente.

7.1.8 Conhecimento tecnológico

Promova um levantamento do conhecimento tecnológico dos alunos. Esse levantamento respalda o fechamento do diagnóstico, orientando melhor o que a escola deve buscar como ferramenta tecnológica para suas atividades pedagógicas.

A partir das considerações anteriores, aplique um diagnóstico formal para o levantamento dos dados. Veja um modelo de diagnóstico para escola, para educadores e para alunos. Caso a escola esteja iniciando o processo de informática na educação, adapte algumas das questões sugeridas nos diagnósticos.

Diagnóstico de Tecnologia Educacional – Escola

ESCOLA: _____

TEL: ( ) _____ E-MAIL: _____

ENDEREÇO: _____

MUNICÍPIO: _____ UF: _____

NÍVEIS DE ENSINO QUE A ESCOLA POSSUI:

( ) Educação infantil/quantidade de alunos _____

( ) Ensino fundamental (1º e 2º ciclos)/quantidade de alunos _____

( ) Ensino fundamental (3º e 4º ciclos)/quantidade de alunos _____

( ) Ensino médio/quantidade de alunos _____

( ) Outros

QUANTIDADE MÉDIA DE ALUNOS POR TURMA:

( ) Educação infantil _____

( ) Ensino fundamental (1º e 2º ciclos) _____

( ) Ensino fundamental (3º e 4º ciclos) _____

( ) Ensino médio _____

( ) Outros _____

INFORMAÇÕES SOBRE A ÁREA DE INFORMÁTICA EDUCATIVA:

1. Existe espaço destinado ao ambiente de informática?

    ( ) Sim   ( ) Não

    a) O espaço físico comporta todos os alunos de uma mesma turma?

        ( ) Sim   ( ) Não

    b) Se não, qual será o procedimento com os alunos que não couberem no ambiente de informática? Quais as atividades que esses alunos vão desenvolver nesse momento?

    _____

2. Quantos computadores existem destinados ao uso pedagógico? _____

    A quantidade de computadores é suficiente?

    ( ) Sim   ( ) Não

3. Qual a configuração básica dos computadores da escola? Estão em rede? _____

    _____

4. A internet está disponível para todos?

    ( ) Sim   ( ) Não

5. Quantas impressoras existem no ambiente de informática? Colorida ou não?

    _____

6. Se a escola já possui ambiente de informática que já está sendo utilizado, responda: (se a escola não possui o ambiente, reformule estas questões de acordo com as suas expectativas)

    a) Por qual faixa etária o ambiente de informática está sendo utilizado?

    _____

    b) Qual é a relação de alunos por computador?

    ( ) 1 computador para 2 alunos   ( ) 1 computador por aluno

    ( ) 1 computador para 3 alunos   ( ) Outra distribuição

    c) Qual é a frequência com que os alunos utilizam o laboratório?

    ( ) Uma vez por semana   ( ) Mais de uma vez por semana

    ( ) Quando o educador sente a necessidade   ( ) Outra modalidade. Qual?

    d) Quais são os educadores que utilizam o computador como ferramenta pedagógica? (informar a disciplina do educador)

    _____

7. Quais são os softwares existentes e utilizados no laboratório? (informar os principais softwares utilizados por série/ano/ciclo escolar). São de propriedade da escola?
_____
_____

8. Quais os profissionais utilizam o ambiente de informática? Com qual objetivo? Eles são monitorados por alguém? Por quem?
_____
_____

9. Cite os projetos que a escola realiza no ambiente de informática e de que forma.
_____
_____

10. Quais são os principais obstáculos encontrados na área de informática na educação da sua escola?
_____
_____

11. Quem é o(a) responsável pela área de informática na educação? Qual sua formação acadêmica? Qual é a experiência dele(a) nessa área?
_____
_____

12. Quais as expectativas/objetivos da escola com a informática na educação?
_____
_____

13. Qual o orçamento destinado ao desenvolvimento/aprimoramento das atividades na área de informática na educação?
_____

Em seguida é apresentada uma proposta de diagnóstico dos educadores.

Diagnóstico de Tecnologia Educacional – Educador

1. Nome: _____
2. Disciplina que ministra: _____
3. De quais séries/ciclos/anos: _____
4. Já fez algum curso de informática? _____

   ( ) Sim   ( ) Não

5. Quais os softwares que conhece? _____

   ( ) Sistema operacional: _____

   ( ) Editor de texto: _____

( ) Planilha eletrônica: _____

( ) Software de apresentação: _____

( ) Recursos da internet: _____

( ) Softwares educacionais: _____

6. Se já utilizou softwares educacionais, quais?

_____
_____
_____

7. Já desenvolveu alguma aula ou projeto educacional com o uso de computadores? Que tipo de aula ou projeto foi desenvolvido? Dar uma pequena explicação.

_____
_____
_____

Se a escola desejar ser ainda mais específica no seu levantamento, ela deve desenvolver um diagnóstico, em relação aos seus alunos, pois, de acordo com o estágio de desenvolvimento tecnológico destes, suas ações podem ser alteradas completamente em relação à proposta pedagógica.

Diagnóstico de Tecnologia Educacional – Aluno

NOME: _____

SÉRIE: _____

POSSUI COMPUTADOR EM CASA? ( ) Sim   ( ) Não

Caso sim, qual a configuração? _____
_____

COM QUAL FINALIDADE VOCÊ UTILIZA O COMPUTADOR?

( ) Jogar

( ) Estudar/Pesquisar

( ) Outros _____

QUAIS PROGRAMAS VOCÊ UTILIZA?

_____
_____
_____

Tendo todos os dados coletados no diagnóstico, elabore um plano de ação, definindo as primeiras atividades que serão desenvolvidas, quem são os responsáveis pelo desenvolvimento dessas atividades, o prazo para o desenvolvimento e os custos envolvidos.

Quadro 7.1 – Modelo de plano de ação

Atividades a desenvolver	Quem é o responsável	Prazo de execução	Custos

7.2 Capacitação dos educadores

Um dos fatores primordiais para a obtenção do sucesso na utilização da informática na educação é a capacitação do educador perante essa nova realidade educacional. O educador deve estar capacitado de tal forma que perceba como deve efetuar a integração da tecnologia com a sua proposta de ensino. Cabe a cada educador descobrir a sua própria forma de utilizá-la conforme o seu interesse educacional, pois, como já sabemos, não existe uma forma universal para a utilização dos computadores nos ambientes educacionais.

O educador deve estar aberto para as mudanças, principalmente em relação à sua nova postura, a de facilitador e coordenador do processo de ensino-aprendizagem; ele precisa aprender a aprender, a lidar com as rápidas mudanças, ser dinâmico e flexível. Acabou a esfera educacional de detenção do conhecimento, do educador "sabe-tudo".

Além do conhecimento pedagógico, a capacitação do educador deve envolver uma série de vivências e conceitos, tais como conhecimentos básicos de informática; integração de tecnologia com as propostas pedagógicas; formas de gerenciamento da sala de aula com os novos recursos tecnológicos em relação aos recursos físicos disponíveis e ao "novo" aluno, que passa a incorporar e assumir uma atitude ativa no processo; revisão das teorias de aprendizagem, didática, projetos multi, inter e transdisciplinares.

Um dos fatores que trazem segurança para o educador num ambiente de informática é o conhecimento das ferramentas básicas de operação do computador. É importante que o educador aprenda os principais recursos dos programas que estão disponíveis para uso, tais como o sistema operacional, o editor de texto, a planilha eletrônica, o programa de apresentação, dentre outros. Após o aprendizado de cada um desses programas, o educador deve refletir para encontrar uma maneira de incorporar o programa aprendido à sua aula como uma ferramenta de trabalho. Em seguida à reflexão, o educador deve desenvolver um plano de aula com estes recursos.

Se possível, o educador deve aplicar esse plano de aula para que possa de fato observar a dinâmica de uma aula a partir da utilização do que foi aprendido. Tendo essa ação como ponto de partida, o educador entenderá a adequação de cada estilo de programa, percebendo o que mais se adapta às suas necessidades.

Esses programas são apropriados para o desenvolvimento de atividades de produção. A partir de um tema ou conteúdo, o educador solicita aos alunos trabalhos que possam ser apresentados por meio deles.

Além da utilidade pedagógica de um editor de texto, de uma planilha eletrônica e de um programa de apresentação, o educador pode utilizar tais recursos como apoio para a elaboração de provas, controle de notas dos alunos, elaboração de relatórios e demais atividades do seu cotidiano escolar ou mesmo fora deste.

Em função da crescente adesão à internet na atualidade, o educador também deve ser capacitado quanto aos principais serviços que ela oferece, conforme comentado nos capítulos anteriores.

A capacitação do educador também deve envolver conhecimentos sobre softwares educacionais relacionados aos conteúdos curriculares.

O educador precisa conhecer os recursos disponíveis nos programas escolhidos para suas atividades de ensino, somente assim ele estará apto a realizar uma aula dinâmica, criativa e segura. Ir para um ambiente de informática sem ter analisado o programa a ser utilizado é o mesmo que ministrar uma aula sem planejamento, sem ideia do que fazer e sem ter lido o texto que será utilizado na aula.

7.2.1 Apoio do administrador escolar

Além da capacitação do educador, é necessário que os administradores das escolas mudem simultaneamente as suas atitudes para que possam dar andamento à incorporação dessa tecnologia, principalmente em relação à fase de implantação, visto que é nesse momento que o educador inicia o processo da sua quebra de paradigmas. O apoio da alta administração é um dos fatores que asseguram o bom desenvolvimento desse processo.

Constantemente, nos deparamos com escolas cujas atitudes da administração dificultam e até mesmo bloqueiam o desenvolvimento do uso dos computadores. Este episódio é nítido nas escolas que estão vulneráveis, nas quais alguns diretores mantêm o ambiente de portas fechadas com medo de quebra e roubo dos equipamentos, inviabilizando a utilização dos computadores por parte dos educadores e alunos.

Outro comportamento observado nas atitudes dos administradores escolares é o não entendimento da dinâmica de uma sala de aula com computadores. Em algumas situações reais, diretores reclamam do educador por este "não conseguir dominar a turma no ambiente de informática". Ora, um dos grandes ganhos nessa proposta é que os alunos possam vivenciar atitudes ativas e proativas. Muitos alunos encontram nesses ambientes a sua identificação e ficam bastante motivados em ajudar seus colegas e mostrar que sabem lidar com o computador. A visão educativa do diretor também deve acompanhar a entrada das tecnologias na escola.

7.2.2 Gerenciamentos dos novos recursos

Outro aspecto importante na capacitação dos educadores está relacionado ao gerenciamento dos novos instrumentos pedagógicos. Seguem algumas questões comuns que ocorrem neste sentido.

- » O computador não está funcionando!
- » O papel está sempre travando o rolo da impressora!
- » A quantidade de impressoras disponíveis no laboratório não condiz com a quantidade de computadores e não possibilita efetuar as impressões no momento da aula!

- » Um computador apresentou problemas no início da aula e parou de funcionar. O que fazer com os alunos daquela equipe?
- » O novo programa que a escola comprou não roda na rede!
- » Alguns computadores não acessam o programa da educadora de geografia.
- » A configuração disponível nas máquinas não é o suficiente para a instalação dos programas.
- » Só dispomos de um computador com multimídia.
- » A internet está instalada na biblioteca ou na administração da escola; não conseguimos utilizá-la para fins educacionais.
- » Todos os trabalhos dos alunos que estavam no pen drive foram apagados!

Se fôssemos enumerar todas as dificuldades encontradas nos ambientes tecnológicos, com certeza a lista seria bem maior, mas certamente quem atua nesses ambientes já se deparou, pelo menos, com algumas dessas situações e está acostumado com tais problemas. De fato, estas questões existem, e só com o tempo elas serão amenizadas.

Os educadores devem relatar todas estas dificuldades e levá-las à administração da escola, visando providenciar os possíveis reparos. Entretanto, algumas questões podem ser resolvidas pelos próprios educadores a partir da elaboração de normas de utilização desses ambientes, tais como:

- » Apenas um dos educadores deve ser o responsável pela instalação e configuração dos programas. Dessa forma, são evitadas configurações variadas no mesmo ambiente, visto que tais problemas incidirão nas atividades a serem desenvolvidas.
- » Manter uma empresa ou pessoa responsável pela manutenção dos computadores para atender à escola em tempo hábil, evitando a utilização de equipamentos que não estejam em perfeito estado de funcionamento no momento da aula.
- » Identificar computadores, monitores, teclados etc., isso torna fácil localizar os problemas de equipamento. Exemplo: computador 1, computador 2, monitor 5.
- » Evite utilizar pen drives desconhecidos, esta é uma das melhores formas de evitar vírus nos computadores.

Os ambientes de informática sempre apresentarão estes e outros problemas. O educador, no decorrer do tempo, saberá muito bem lidar com tais situações, da mesma forma como ocorrem imprevistos nas salas de aula convencionais, e certamente o educador já possui vivência para resolvê-los.

Para evitar essas situações, é interessante que o educador, além de saber manusear bem o programa que irá utilizar na aula, verifique todos os computadores que contêm instalado o programa de sua aula antes do início, assim ele terá o ambiente mais tranquilo e saberá com antecedência se algum computador apresentou problema.

Caso o educador não esteja seguro quanto à utilização desses recursos nos primeiros momentos, pode ainda solicitar a presença de outro educador ou um monitor que esteja mais seguro em relação aos recursos tecnológicos durante a sua aula. Dessa forma, ele receberá os auxílios necessários para as situações imprevisíveis.

Depois de todas estas considerações, você deve estar se perguntando: será que diante de tantas questões vale a pena utilizar o computador como recurso didático? Na verdade, o intuito dessas considerações é apenas despertar situações que geralmente não são comentadas nas capacitações dos educadores em informática na educação, e certamente são essas as questões que mais amedrontam os educadores iniciantes nessa área. Sabendo que tais situações são corriqueiras, eles não se sentirão tão inseguros, visto que estarão cientes de que tais imprevistos são comuns nesses locais.

Além das questões citadas, as quais estão relacionadas com o manuseio dos softwares e do hardware, os educadores vão se deparar com um ambiente ativo, para o qual eles também não foram formados. Eis mais um motivo da necessidade da capacitação para esta nova dinâmica.

7.3 Definição da linha pedagógica com o uso do computador

Após a capacitação dos educadores, eles devem reunir-se para definir a linha mestra da informática na escola, que pode ocorrer de três formas: informática como fim, informática como apoio para as atuais disciplinas existentes ou para os projetos educacionais.

O uso da informática como um fim baseia-se no estudo das ferramentas disponíveis nos programas aplicativos, sem nenhuma relação com os assuntos e temas estudados na escola.

O uso da informática para apoio das disciplinas, em muitos casos, limita-se à utilização de softwares educacionais de uma forma isolada ou de sites específicos sobre os temas trabalhados, sem a existência da relação entre os trabalhos interdisciplinares.

O uso da informática para projetos educacionais ocorre quando existe a integração entre as várias disciplinas, favorecendo a construção e execução de um projeto interdisciplinar.

Podemos representar tais utilizações da seguinte forma:

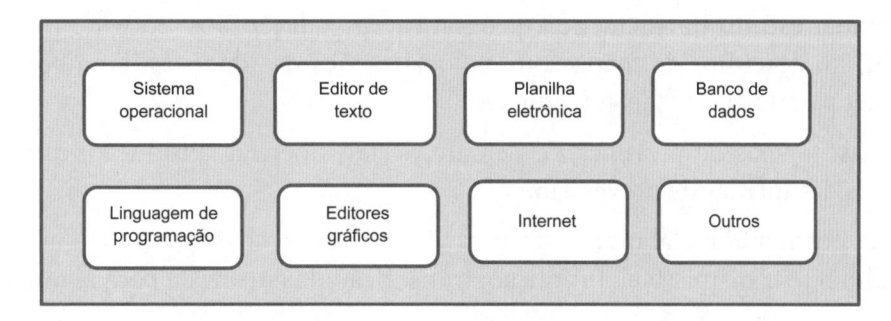

Figura 7.1 – Informática como fim.

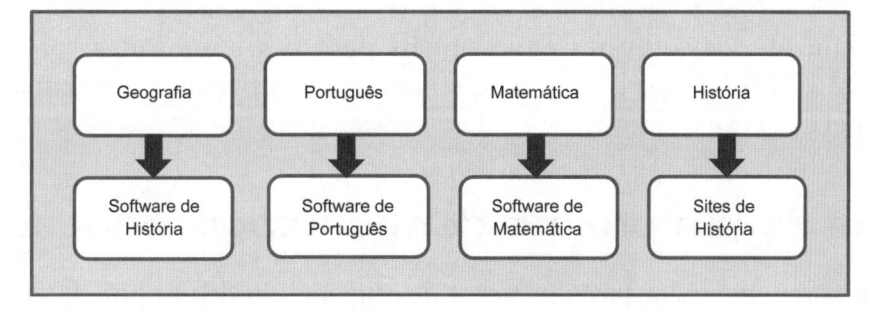

Figura 7.2 – Informática como apoio por disciplina.

Nesta modalidade, os aplicativos também podem ser utilizados de forma isolada para as produções específicas de cada disciplina.

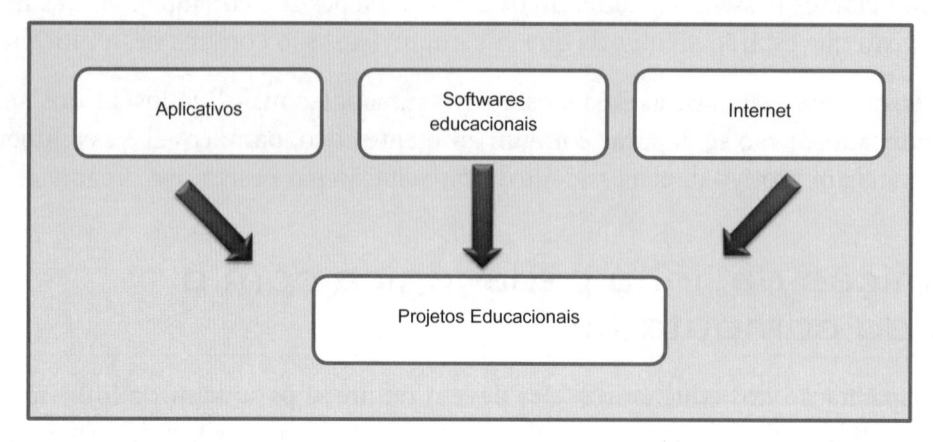

Figura 7.3 – Informática como apoio para projetos educacionais.

Veja um exemplo da utilização da informática por meio de projetos interdisciplinares:

Tema gerador: doenças sexualmente transmissíveis.

Objetivo: despertar nos alunos as principais formas de evitar as doenças sexualmente transmissíveis, bem como os danos que elas podem causar à saúde.

Abordagem interdisciplinar: envolvendo a participação de várias disciplinas.

» Matemática: levantamentos estatísticos das diversas doenças sexualmente transmissíveis em relação a tipos, idades e sexos atingidos. Produção: gráficos elaborados numa planilha eletrônica.

» Geografia: estudo da incidência geográfica em relação aos tipos de doença estudados. Produção: desenhos de mapa com as localizações das doenças, bem como pesquisas na internet para localizar tais informações.

» Ciências: formas de prevenção e de cura de tais doenças. Produção: cartazes com informativos das formas de prevenção.

» Língua portuguesa: elaboração de entrevistas com pessoas que já tiveram alguma doença sexualmente transmissível. Produção: transcrição da entrevista para algum editor de texto.

» Pluralidade cultural: pesquisa das diversas crenças regionais em relação a essas doenças. Produções: cartazes com dizeres: "Como vejo a sífilis?", com base nas pesquisas regionais.

Nesta modalidade, os softwares educacionais podem ser utilizados como fonte de pesquisa, de simulação, tutorial, exercitação ou qualquer outra atividade complementar, bem como os sites da internet.

7.4 Etapas de um projeto de tecnologia educacional

Podemos separar em três etapas o processo de implantação de um projeto de tecnologia educacional, que são: implantação, avaliação e replanejamento.

Implantação: é a hora mais esperada. Todos estão ansiosos pela execução das atividades previamente planejadas. É o momento em que os educadores passarão a frequentar o ambiente de informática na educação e viverão o desafio no qual se lançaram.

Avaliação: momento em que todos os educadores, orientadores educacionais, coordenadores, técnicos de informática e demais profissionais envolvidos nesse processo vão avaliar os resultados das aplicações previamente definidas para a área de informática na educação e levantar sugestões de melhoria. Em seguida, apresentamos o modelo de uma ficha que pode ser utilizado para este momento da avaliação.

Avaliação da Informática na Educação

Profissional: _____

Data: ____/____/____   Série: _____   Disciplina: _____

1. Está ocorrendo a integração dos objetivos temáticos/disciplinares e com a utilização do computador como ferramenta pedagógica?

    Sim ( )   Não ( )   Justifique sua resposta. _____

    _____

2. Os softwares utilizados estão de acordo com suas necessidades?

    Sim ( )   Não ( )   Justifique sua resposta. _____

    _____

3. Os alunos estão sabendo lidar com o computador?

    Sim ( )   Não ( )

4. Quanto aos equipamentos: a quantidade de computadores é suficiente para o tamanho das turmas?

    Sim ( )   Não ( )

5. Qual é a dinâmica que você utiliza no ambiente de informática? (Como são divididas as atividades nesse ambiente, como os alunos são distribuídos nesse ambiente?)

    _____

    _____

6. Como você avalia a motivação e o comportamento dos alunos no ambiente de informática?

    _____

    _____

7. Como você avalia a interação dos alunos com o computador?

    _____

    _____

8. Você observou melhoria no processo ensino-aprendizagem nesse ambiente? Justifique.

    _____

    _____

9. As atividades previstas foram realizadas?

    Sim ( )   Não ( )   Justifique sua resposta. _____

    _____

10. Você, como educador, o que sente nesse ambiente?
_____
_____

11. Quais foram os principais ganhos e as dificuldades encontrados no desenvolvimento das suas atividades em relação à informática na educação?

  Ganhos _____

  Dificuldades _____

12. Quais são suas sugestões para a melhoria das atividades relacionadas à área de informática na educação?
_____
_____

Replanejamento: diante do que foi avaliado, é necessário que a equipe reveja suas próximas ações, visando promover uma melhoria contínua no processo de utilização do computador como ferramenta pedagógica.

7.5 A influência do layout no processo de aprendizagem

Você deve ter percebido que a implantação dos computadores em ambientes educacionais envolve muitas variáveis que devem ser verificadas, mas, além de todas as que já foram apresentadas, outra variável que deve ser observada é a organização do espaço físico, pois ela afeta diretamente a dinâmica da aula. Estamos nos referindo à distribuição dos equipamentos e móveis nesse espaço, ou seja, ao layout.

Para a concepção de um ambiente de informática na educação, devem ser observados alguns itens, tais como:

» Para quais objetivos a sala está sendo concebida: para educação infantil, ensino fundamental, ensino profissionalizante, para atividades livres para a comunidade. Por exemplo: uma sala para a educação infantil terá móveis em altura e tamanhos diferentes daqueles para alunos do ensino médio.

» Os computadores devem ser distribuídos fisicamente de tal forma que favoreça uma visão ampla de toda a sala para o educador. Deve ser evitada a distribuição de computadores em fila, um atrás do outro.

» Deve existir espaço para o fluxo dos alunos, visando melhorar as interações destes.

» Disponibilizar mesas sem computadores para os alunos, para que o educador possua flexibilidade para desenvolver atividades que necessitem ou não de computadores, deixando de ser necessário trocar de sala.

» As salas de aulas não devem ser muito grandes, visto que a dinâmica da aula com computadores é muito elevada e geralmente as conversas entre os alunos provocam dificuldades de comunicação entre educadores e alunos e entre os próprios alunos.

» Devem ser evitadas estruturas físicas entre os computadores, como divisórias, as quais bloqueiam o som e a amplitude da visualização dos alunos e do educador.

» Disponibilizar locais apropriados para impressoras, scanners e canhões de projeção. Os canhões de projeção são ótimos recursos que facilitam a transmissão das orientações quanto à utilização da ferramenta que está sendo apresentada.

» Os estabilizadores devem ficar em locais não acessíveis aos pés dos alunos, pois é muito frequente os alunos atingirem o estabilizador, provocando o desligamento do equipamento.

A seguir, vamos apresentar diversas propostas de layout contendo alguns comentários que podem afetar o processo de aprendizagem.

Modelo 1 (algumas considerações)

1) Facilita o fluxo do educador e dos alunos no ambiente.
2) Facilita a interação dos alunos, permitindo maior colaboração e cooperação entre eles.
3) Permite melhor visualização por parte do educador em relação aos alunos.
4) Possibilita acrescentar cadeiras sem computadores para os alunos que não estarão com computadores. Esses alunos podem monitorar as atividades ou apenas aguardar sua vez para utilizar os computadores.

Modelo 1.1

Este modelo possui as mesmas considerações da proposta anterior, porém sem disponibilizar as cadeiras extras.

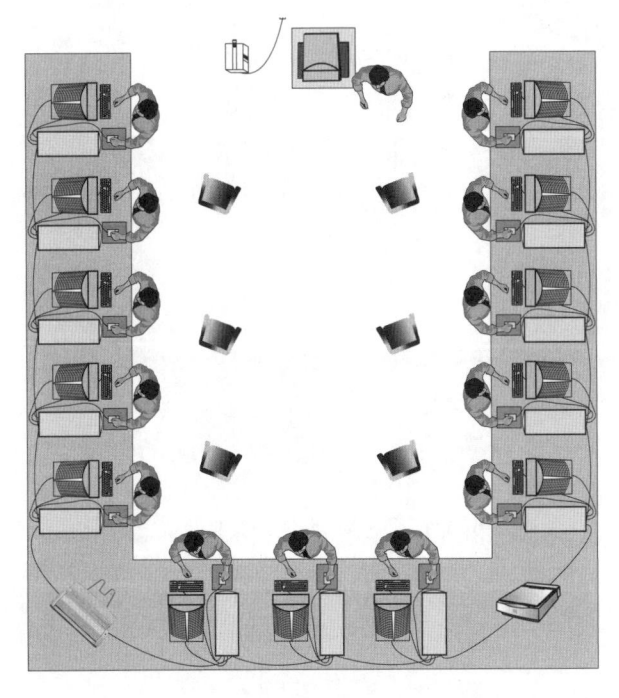

Figura 7.4 – Modelo 1 de layout
(com cadeiras sem computadores).

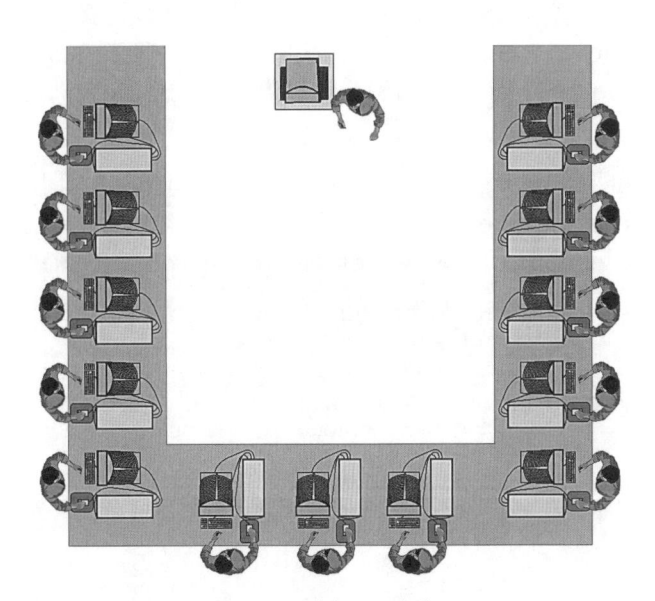

Figura 7.5 – Modelo 1.1 de layout.

Modelo 2 (algumas considerações)

1) Possibilita que o educador desenvolva atividades com e sem computadores, podendo realizar aulas práticas no mesmo ambiente de informática.

2) Esse ambiente é adequado para as escolas que possuem espaços amplos com mesas auxiliares para as atividades.

3) Também indicado para as escolas que não possuem computadores em quantidade suficiente para comportar o número de alunos por sala.

Modelo 3 (algumas considerações)

1) Facilita o fluxo do educador e dos alunos no ambiente;

2) Facilita a interação dos alunos, permitindo mais colaboração e cooperação entre eles;

3) Permite melhor visualização por parte do educador em relação aos alunos;

4) Permite melhor aproveitamento de espaço para disponibilizar maior número de computadores.

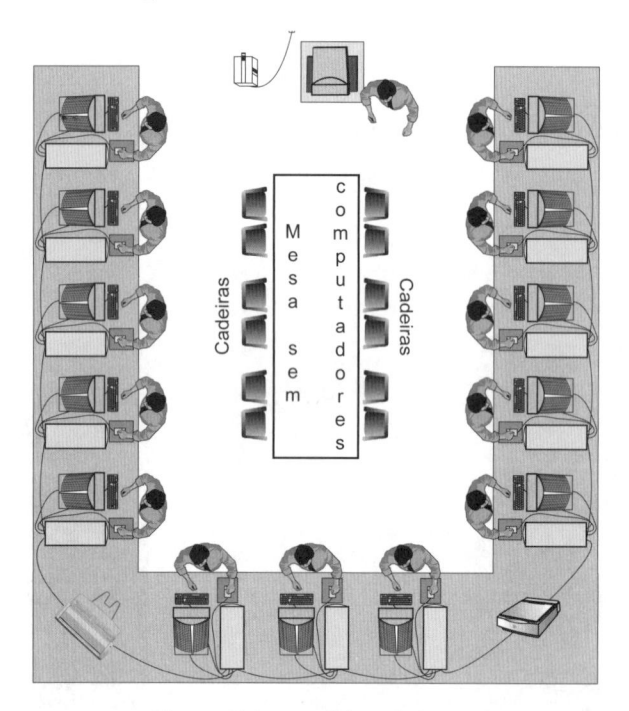

Figura 7.6 – Modelo 2 de layout.

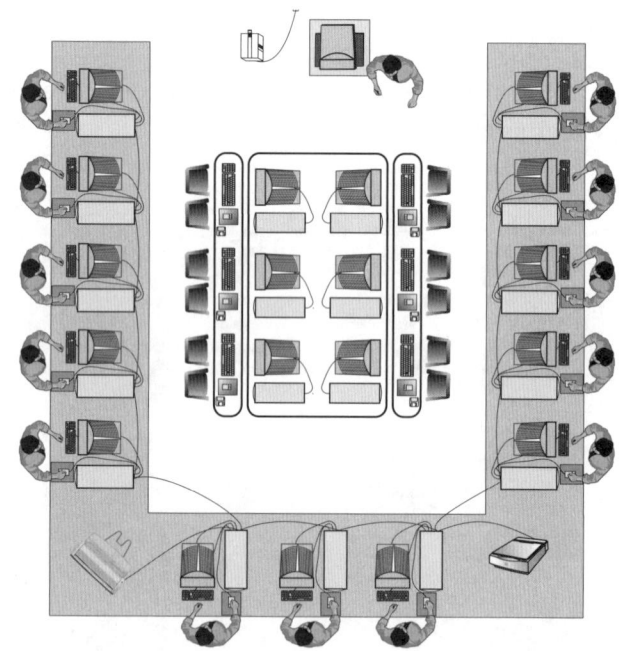

Figura 7.7 – Modelo 3 de layout.

Modelo 4 (algumas considerações)

1) Promove e facilita interações diagonais das equipes.
2) É necessário um espaço físico maior para o ambiente.
3) Possibilita a construção de um ambiente de aprendizagem sem definição de hierarquias.

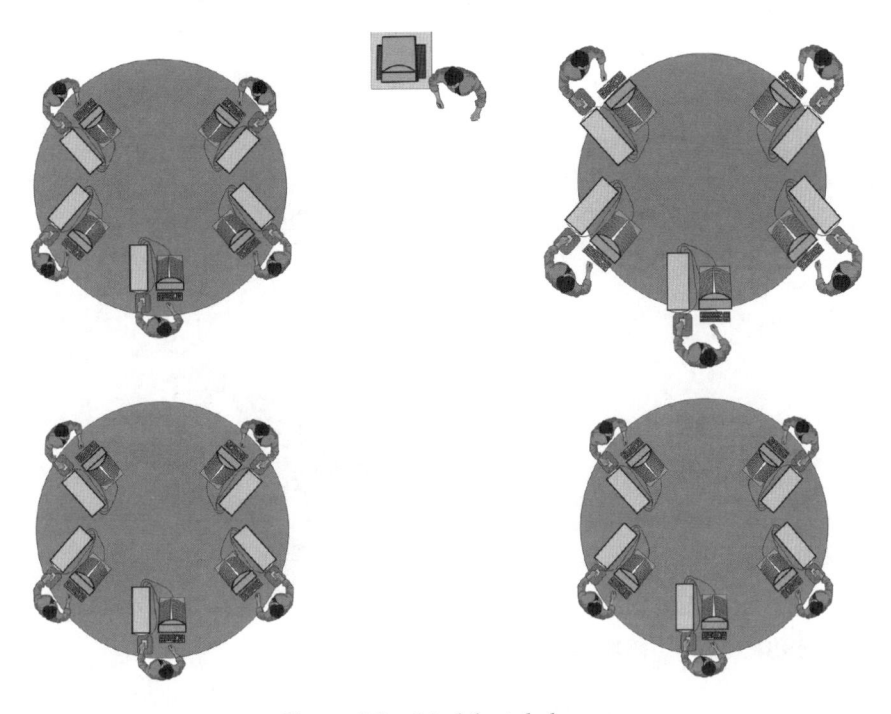

Figura 7.8 – Modelo 4 de layout.

Modelo 5 (algumas considerações)

1) Também conhecido como espaço multimeios ou multimídia.
2) Facilita o fluxo do educador e dos alunos no ambiente.
3) Facilita a interação dos alunos, permitindo maior colaboração e cooperação entre eles.
4) Permite que o educador promova diferentes tipos de aula a partir dos recursos tecnológicos (computadores, vídeo, livros, jogos, som, retroprojetor, data show).
5) Possibilita a construção de um ambiente de aprendizagem sem definição de hierarquias.
6) Ambiente versátil, exigindo do educador mais criatividade e flexibilidade para planejar e desenvolver as atividades.

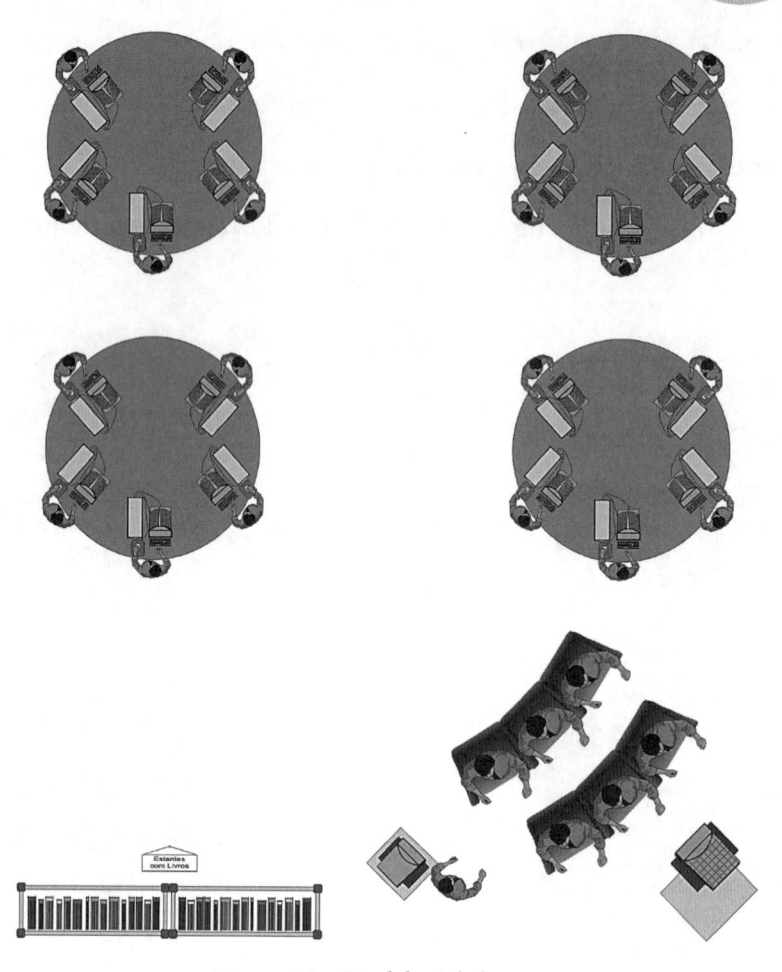

Figura 7.9 – Modelo 5 de layout.

7.6 Fases evolutivas da aplicação da informática na educação

Utilizar a informática na área educacional é bem mais complexo que a utilização de qualquer outro recurso didático até então conhecido. Ela se torna muito diferente em função da diversidade dos recursos disponíveis. Com ela é possível comunicar, pesquisar, criar desenhos, efetuar cálculos, simular fenômenos, entre muitas outras ações. Nenhum outro recurso didático possui tantas oportunidades de utilização e, além do mais, é a tecnologia que mais vem sendo utilizada em todo o contexto em que vivenciamos.

Paralelamente a essa situação, a escola é uma das instituições que mais demoram a inovar e avançar. Desde a descoberta da caneta esferográfica, os educadores resistem a aceitar as inovações. Muito pouco tem mudado nos ambientes de aulas das escolas.

A inovação por meio dos computadores está "forçando" a escola a mudar e aceitar mais facilmente essa mudança. O resultado dessa inovação se dá de uma forma lenta, em que a questão a ser abordada não é apenas um abandono das crenças, mas uma substituição gradual por crenças mais relevantes, moldadas por experiências em um contexto alterado.

Podemos caracterizar a evolução da informática como instrumento do processo de ensino-aprendizagem em três etapas: iniciação/empolgação, adaptação/intermediação e incorporação/absorção. Veja a seguir as principais características de cada uma destas fases.

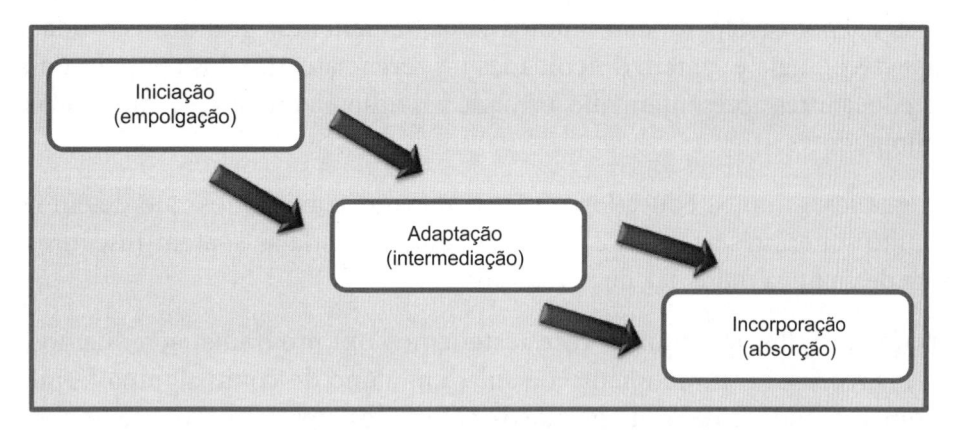

Figura 7.10 – Fases evolutivas da informática na educação.

Fique de olho!

Uma das primeiras pesquisas realizadas para perceber as fases da evolução do uso do computador nas escolas foi realizada pelo Projeto ACCOT, da Apple, nos Estados Unidos. Essa pesquisa classificou em cinco momentos os estágios evolutivos da informática nas escolas, que são: exposição, adoção, adaptação, apropriação e inovação. Adaptamos esses estágios para a proposta apresentada neste livro. Se quiser conhecer mais sobre a experiência do ACCOT, leia o livro *Ensino com Tecnologia*, mencionado na Bibliografia ao final do livro.

7.6.1 Iniciação/empolgação

Essa fase ocorre quando a escola adquire os computadores e efetua as suas instalações. Esse ambiente passa a ser motivo de visitas frequentes de educadores, alunos, diversos profissionais da escola e, principalmente, dos pais e da comunidade.

Entretanto, nem todos estão seguros dos reais ganhos dessa nova ferramenta. Alguns educadores são mais receptivos às mudanças, e outros acreditam que seja mais uma panaceia para resolver os problemas da educação. Nesse momento, a informática funciona também como um grande marco para o marketing da escola, apresentando-a como uma instituição inovadora.

É interessante ressaltar que, diante da nova realidade de que quase todas as escolas, principalmente as particulares, já possuem computadores, com certeza, o simples fato de tê-los não significa mais um diferencial, mas principalmente um passo que a escola deve, de fato, dar.

O que passará a ser um diferencial será a forma de utilização da informática dentro da escola, a qual deve fazê-lo conforme os seus objetivos. Vale lembrar que não existe uma forma correta de utilização da informática na educação. O que determina sua validade é o fato de atingir ou não os objetivos propostos pela escola.

Neste momento, os educadores que se utilizam dessa tecnologia continuam utilizando os recursos didáticos já dominados, tais como: textos, quadros-negros, livros de textos, livros de exercícios, retroprojetores, aulas expositivas, respostas orais, trabalhos individuais com a tentativa de incorporar o computador.

Nessa fase, os educadores possuem pouco conhecimento de informática, apresentam alto nível de frustração pessoal por se deparar com muitos erros, sentem uma grande necessidade de melhorar a utilização dessa tecnologia e sentem dificuldades no gerenciamento dos recursos desses ambientes. Os alunos e os educadores apresentam alto nível de agitação e empolgação durante as aulas em que utilizam os computadores.

Durante essa fase, muitos educadores vão se deparar com alunos que detêm conhecimentos tecnológicos muito superiores aos seus e, por esse motivo, ainda se sentem inseguros e meio constrangidos diante dessa nova mudança de paradigma.

É importante ressaltar que muitas vezes estudamos um programa, acreditamos que conhecemos todos os seus recursos e, no momento da aula, um aluno descobre alguma ferramenta que não exploramos. Com a infinidade de recursos que os programas oferecem, é quase impossível sabermos utilizar todos.

A partir do momento em que nos lançamos para o mundo das novas tecnologias, estaremos sempre vivenciando situações de novos aprendizados e descobertas. Vamos nos deparar quase sempre com uma sensação de ignorância tecnológica.

7.6.2 Adaptação/intermediação

Esta é uma fase intermediária, na qual os educadores já possuem melhor nível de conhecimento da aplicabilidade da tecnologia na área educacional e se preocupam em integrar os seus planos de cursos e de aulas em função da melhor utilização do computador. Apesar de a tecnologia continuar sendo utilizada de forma tradicional, os alunos e educadores já dominam vários softwares, ganhando maior produtividade.

Como exemplo característico dessa fase, podemos citar uma aula na qual um educador solicita aos alunos a elaboração de um desenho para uma competição que ocorrerá na escola.

Nessa situação, o educador dá flexibilidade para que os alunos escolham a ferramenta a ser utilizada: o computador ou os recursos tradicionais de desenhos (lápis, pincéis). A primeira reação dos alunos é ir direto para o computador a fim de efetuar o desenho, mas em função de não terem os conhecimentos básicos sobre o software que estavam utilizando, verificaram que seria melhor elaborar os desenhos com os recursos já dominados.

Este exemplo demonstra claramente a empolgação dos alunos em utilizarem o computador, mas, pela falta de domínio da técnica, retornaram a uma vivência anterior. Por se situarem nessa fase, as reações dos alunos sempre serão de utilizar o computador, entretanto, nem sempre este se adapta mais à realidade que queremos atingir, apesar do estágio de empolgação com a nova ferramenta.

A principal característica dessa fase é a situação intermediária do processo de mudança, em que geralmente encontramos a aplicação da informática voltada para as disciplinas de forma isolada.

7.6.3 Incorporação/absorção

Essa fase é caracterizada pela absorção da tecnologia relacionada aos projetos educacionais, de tal forma que já é natural, por parte dos educadores, desenvolver os planos de aula utilizando a informática como ferramenta.

Nessa fase, ocorre a instrução interdisciplinar, multidisciplinar e transdisciplinar baseada em projetos. Os trabalhos ocorrem em grupos e com divisões de tarefas individualizadas, e os educadores se questionam sobre os antigos padrões que utilizavam.

A duração de cada uma dessas fases varia muito, de acordo com cada realidade escolar e a do próprio educador, entretanto, é interessante conhecê-las como forma de verificar que a evolução da utilização da tecnologia no campo educacional ocorre de modo semelhante, independentemente da modalidade de aplicação escolhida.

A importância da utilização da tecnologia computacional na área da educação é indiscutível, como necessária, seja no sentido pedagógico, seja no sentido social. Não cabe mais à escola preparar o aluno apenas nas habilidades de linguística e lógico-matemática, apresentar o conhecimento dividido em partes, fazer do educador o grande detentor de todo o conhecimento e valorizar apenas a memorização.

Hoje, com o novo conceito de inteligência, em que podemos desenvolver as pessoas em suas diversas habilidades, o computador aparece num momento bastante oportuno, inclusive para facilitar o desenvolvimento dessas habilidades.

Amplie seus conhecimentos

> Howard Gardner é um psicólogo norte-americano estudioso sobre o tema da inteligência humana. Depois de muitos anos de estudo, conceituou que a inteligência humana pode ser identificada em oito modalidades, que são: lógica, linguística, corporal, naturalista, intrapessoal, interpessoal, espacial e musical. Segundo esse pesquisador, geralmente as pessoas possuem uma ou duas inteligências. Raríssimos são os casos que a pessoa possua mais que duas, bem como raros são os casos que possuem nenhuma destas. Quer saber mais sobre esse tema? Veja os sites: <http://www.suapesquisa.com/educacaoesportes/inteligencias_multiplas.htm>, <https://www.institutoclaro.org.br/em-pauta/pensadores-tecnologia-educacao-howard-gardner-teoria-inteligencias-multiplas-ensino-adaptativo/> e <http://educador.brasilescola.com/orientacoes/inteligencias-multiplasnovo-conceito-educacao.htm>.

Cabe às escolas um novo papel, o de proporciona mais trabalhos em grupos e enfatizar por parte dos alunos a capacidade de pensar e de tomar decisões. O educador assume o papel de facilitador, organizador, coordenador e parceiro, atendendo às necessidades individuais dos alunos.

A informática na educação, nesse momento, apresenta grandes contribuições para que a escola atinja esses objetivos, pois a sua utilização adequada desenvolve as habilidades de pensamento, comunicação e estrutura lógica; estimula a criatividade, tornando-se um grande agente motivador para o processo de ensino-aprendizagem; estimula o aprendizado de novas línguas e atende ao mais novo pré-requisito mundial, a globalização, por ser um poderoso meio de comunicação.

Vamos recapitular?

Neste último capítulo, vimos que implantar um projeto de tecnologia educacional com o uso de computadores envolve muitas variáveis e que antes da sua implantação é importante que seja realizado um diagnóstico identificando todo o contexto de onde serão realizadas as atividades para depois efetuar um planejamento das ações.

Você verificou que um dos elementos essenciais para o sucesso deste projeto é a capacitação dos educadores, pois eles se tornarão os grandes agentes multiplicadores, mas não só deles depende este sucesso, compete também aos administradores escolares uma participação efetiva para que todas as atividades programadas possam ser realizadas.

Um dos elementos essenciais para que essas atividades possuam significado para os educadores e alunos é que seja definida claramente qual a linha pedagógica em que será utilizado o computador, podendo ser: a informática como fim, a informática como apoio para as atuais disciplinas ou para os projetos educacionais. O layout também é apresentado como elemento essencial para que as atividades ocorram com a melhor qualidade possível.

Por fim, é essencial que os profissionais envolvidos nesse processo conheçam as fases evolutivas da aplicação da informática na educação. A partir desse conhecimento, eles poderão atuar de forma mais adequada, pois conhecerão as características de cada momento desse processo.

Agora é com você!

1) Imagine que você foi convidado para implantar um projeto de informática na educação numa escola que ainda não possui computadores. Quais seriam os principais cuidados que você consideraria? Quais os passos você realizaria para implantar tal projeto?

2) Descreva, criticamente, as fases da evolução da aplicabilidade da informática na educação.

3) Descreva, na sua opinião, quais são os principais impactos do layout do ambiente de informática no processo de aprendizagem.

4) Apresentamos neste livro três modalidades de uso do computador em sala de aula, que são: informática como fim, informática como apoio para as atuais disciplinas existentes ou para os projetos educacionais. O que cada uma destas modalidades propõe?

Bibliografia

ALMEIDA, F. J. **Educação e Informática** 2. ed. São Paulo: Cortez, 1988.

ARMSTRONG, S.; KURSCHAN, B.; FRAZIER, D. **Internet para Estudantes**. Rio de Janeiro: IBPI Press, 1995.

BORDENAVE, J. D.; PEREIRA, A. M. **Estratégias de Ensino:** *Aprendizagem*. 11. ed. São Paulo: Vozes, 1989.

ESTRÁZULAS, M. **Interação e Cooperação em Listas de Discussão. Revista Informática na Educação: Teoria & Prática**. UFRG: outubro, 1999. p. 81-86.

FAGUNDES, L. C; COSTA, Í.E.T.; NEVADO, R. A. **Projeto TecLec: Educação a Distância e a Formação Continuada de Professores em Sistemas de Comunidades de Aprendizagem**. Disponível em: <http://www.pgie.ufrg.br/portalead/>. s.d.p. Acesso em: jun. 2014.

FARIA, M. A. **O Jornal na Sala de Aula**. São Paulo: Contexto, 1996.

LEVY, P. **Cibercultura**. Rio de Janeiro: Editora 34, 1999.

LITWIN, E. **Tecnologia Educacional**. Rio Grande do Sul: Artes Médicas, 1997.

LUCENA, M. **Um Modelo de Escola Aberta na Internet:** *Kidlink no Brasil*. Rio de Janeiro: Brasport, 1997.

MATTOS, A. C. M. **Sistemas de informação: uma visão executiva**. São Paulo: Saraiva, 2006.

NEGROPONTE, N. **Vida digital**. São Paulo: Companhia das Letras, 1995.

OLIVEIRA, R. **Informática Educativa**. São Paulo: Papirus, 1997.

OLIVEIRA, V. B. **Informática em Psicopedagogia**. São Paulo: Senac, 1996.

PAPERT, S. **A Máquina das Crianças**. Rio Grande do Sul: Artes Médicas, 1994.

PIVA, Dilermando Jr. **Sala de Aula Digital: uma introdução à cultura digital para educadores.** São Paulo: Ed. Saraiva, 2013.

SANCHO, J. M. **Para uma Tecnologia Educacional.** Rio Grande do Sul: Artes Médicas, 1998.

_____. J. Artigo **A Tecnologia: um modo de transformar o mundo carregado de ambivalência.** Disponível em: <http://oficinai.wikispaces.com/file/view/tecnologia_educacional_sancho.pdf>. Acesso em: abr. 2014.

TAJRA, S. F. **Informática na Educação. Novas ferramentas pedagógicas para o professor na atualidade**. 9. ed. São Paulo: Érica, 2012.

_____. **Empreendedorismo – conceitos e práticas inovadoras**. São Paulo, Érica, 2014.

TAPSCOTT, D. **Economia Digital**. São Paulo: Makron Books, 1997.

TOFFLER, A. **Previsões e Premissas**. Rio de Janeiro: Record, 1983.

_____. **A Terceira Onda**. São Paulo: Record, 1980.

VALENTE, J. A. **Diferentes Usos dos Computadores na Educação**, Em aberto. Brasília: MEC, V. 12, n. 57.

VENTURA H. **A Organização do Currículo por Projetos de Trabalho**. Rio Grande do Sul: Artes Médicas, 1997.